琵琶湖は呼吸する

熊谷道夫
浜端悦治
奥田 昇

琵琶湖は呼吸する

海鳴社

口絵1　琵琶湖の基盤（吉川ほか　1998より）。湖底に沈積した堆積物の厚さを示す。厚く堆積したところはかつて谷底であったところ、薄く堆積したところは山の部分であったことを示す。想いを馳せれば、かつての地形がイメージできる（本文42頁）

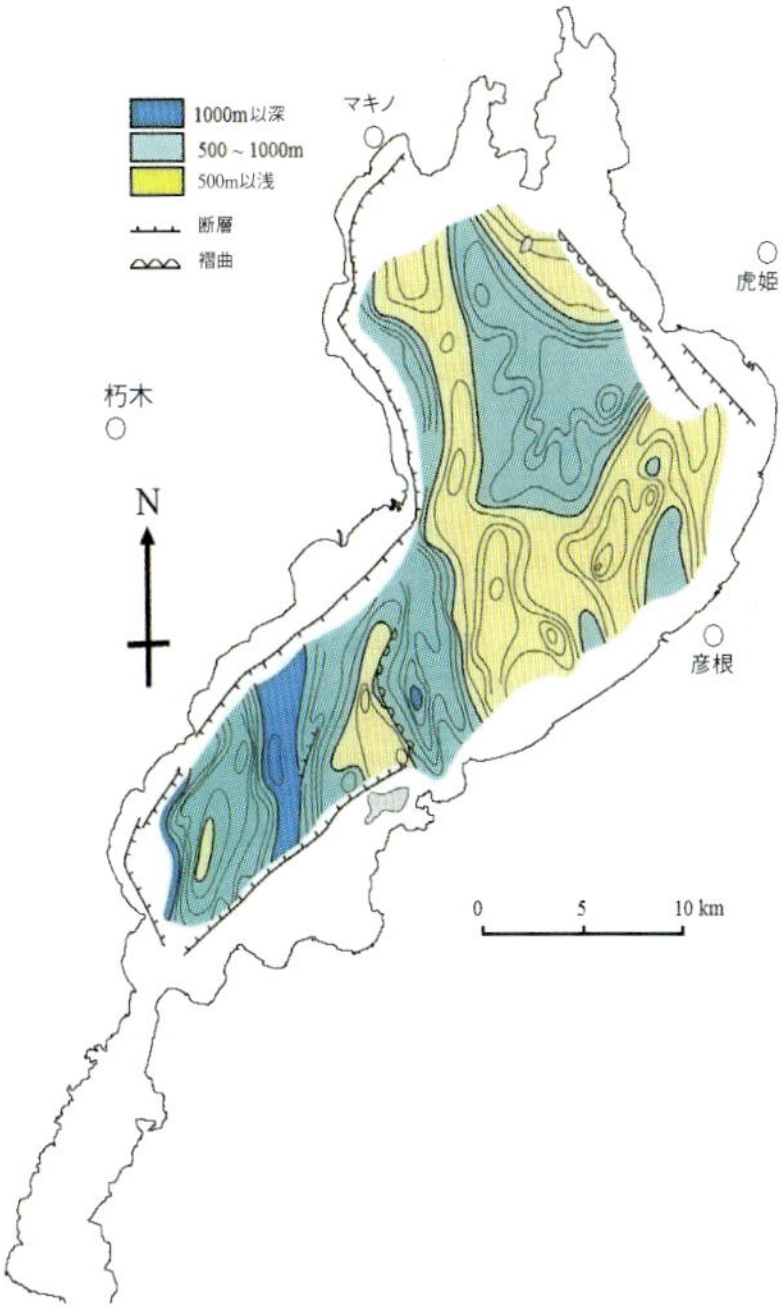

口絵2　春先に姉川河口から琵琶湖に流れ込む融雪洪水（長浜市）（本文43頁）

口絵３　世界一美しい渦、琵琶湖の環流（Okuda *et al*. 1995）（本文 46 頁）

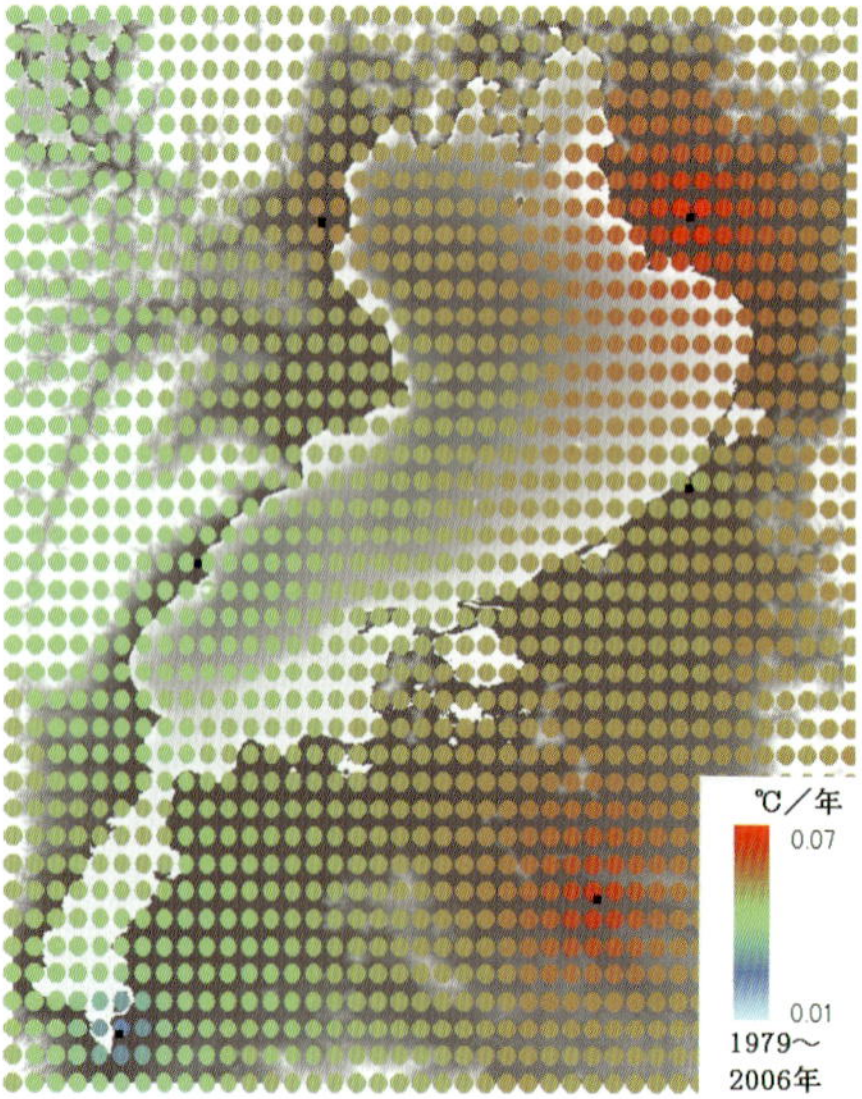

口絵４　1979 年から 2006 年のアメダスデータを用いて計算した琵琶湖周辺における気温上昇率の分布。赤い色ほど気温上昇率が高いことを示している。琵琶湖の北東にあたる虎姫、南東の東近江（蒲生）、北西の今津で気温上昇が高い（本文 53 頁）

口絵５　自律型潜水ロボット「淡《たん》探《たん》」を使って琵琶湖を調査（本文 56 頁）

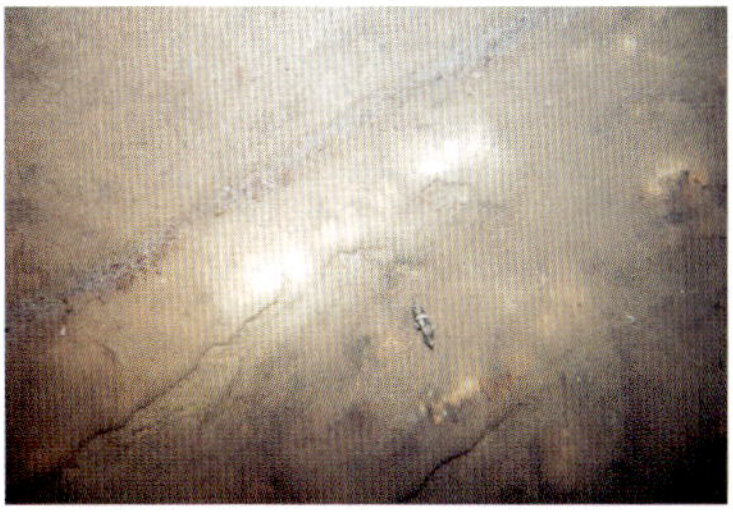

口絵７　淡探によって図 7-2 の B 点で撮影された大規模な湖底断層（本文 57 頁）

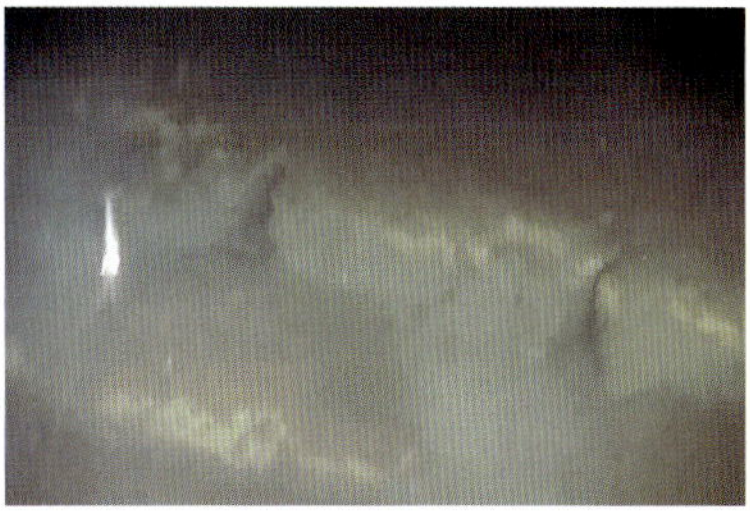

口絵６　淡探によって図 7-2 の A 点で撮影された階段状の湖底断層。白く写っている生物はスジエビである（本文 56 頁）

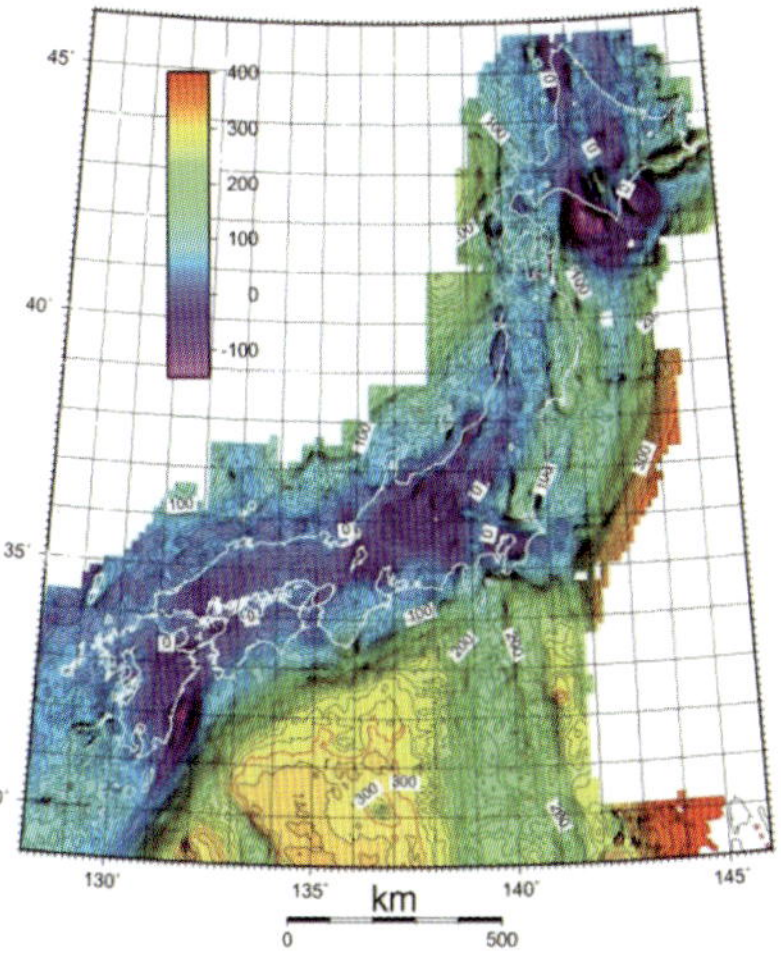

口絵８　日本列島における重力異常。赤い色は正、青い色は負の重力異常を示している（植田　2005）（本文 59 頁）

口絵 10　オオクチバスと並んで特定外来生物に指定されているブルーギル。北米原産のサンフィッシュ科魚類。広食性を示し、日本中の湖沼に分布する（本文 111 頁）

口絵 9　オオクチバス（ブラックバス）は北米原産のサンフィッシュ科魚類。魚食性が強く、特定外来生物に指定されている（本文 109 頁）

口絵 11　琵琶湖で発生した淡水赤潮。風波によるラングミュアー循環流によって直線状に集積している（本文 119 頁）

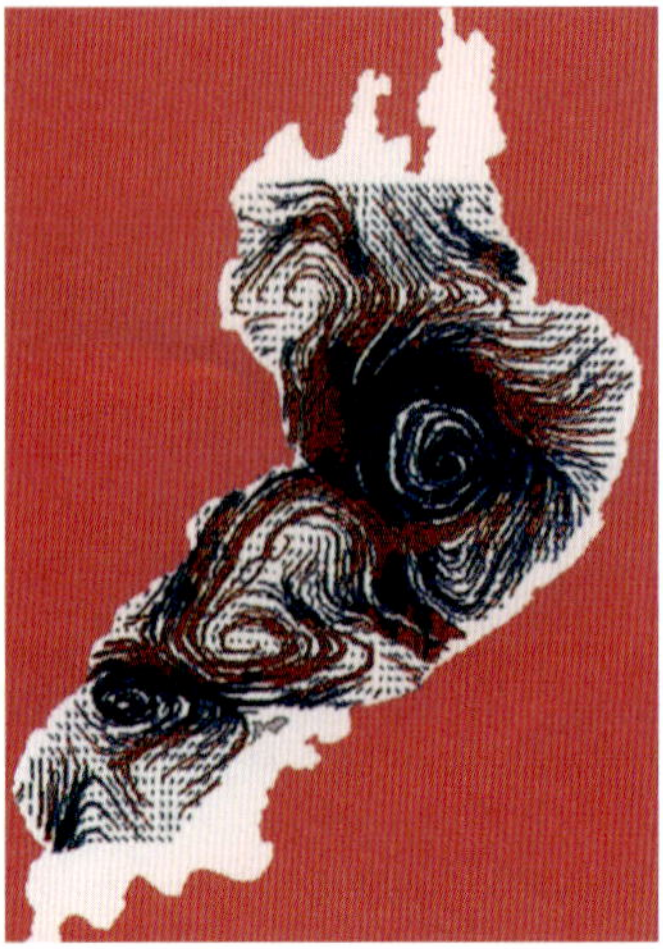

口絵 12　琵琶湖には三つの環流が流れている。北から第一環流（青色：左回り）、第二環流（赤色：右回り）、第三環流（青色：左回り）と呼ばれる。1994 年 8 月に調査船「はっけん号」に設置した ADCP（超音波ドップラー流向流速計）によって測定した（本文 161 頁）

はじめに

世の中にはさまざまな情報があふれているが、そのルーツをさかのぼるとある特定の人にたどり着くことがよくある。もしその人が間違っていたら、すべての人が間違えることになる。特に、環境問題に関してはこのことが深刻な問題を引き起こす場合がある。したがって、当たり前だと思っていることでも、時には事実を検証してみる必要がある。

本書は、滋賀県に本社を置く新聞社の特集記事として寄稿したものを基にまとめたものである。この特集のねらいは以下のようなものだった。

「琵琶湖の異変が部分的に報じられることがある。そもそも琵琶湖とはどんな湖なのか、何が起きているのか、科学の目で改めて全体像をとらえ直したい。この連載では最新のデータ・研究をもとに、これまでの『定説』を見直すことも含めて、琵琶湖の現状や課題を明らかにし、何が求められているのか、問題提起につなげたい」

このような企画のもとに、「検証・琵琶湖」と銘打った連載は二〇一三年の春から始まった。私たちは琵琶湖のことだけでなく、広く地球全体に点在する生態系のネットワークとして重要である湖沼や貯水池などの共通な事象にも目を向けた。そのことは、陸域生態系と水圏生態系が気候変動に対して応答する際のパターンやメカニズムを知る上での重要な手がかりを与えてくれるものであり、広く地球環境を俯瞰する内容である、との高い評価をいただくことになった。こうして、ほぼ一年をかけて掲載した記事に対して、さまざまな反応や意見が寄せられた。

連載終了前後から、掲載した記事を再編集して書籍として出版して欲しいという要望が直接・間接に私たちの耳に届いた。ゆっくりと腰を落ち着けて読んでみたいということなのだろう。率直に言って、このような意見はうれしかった。新聞社とも協議した結果、加筆修正した上で出版することにした。したがって、新たに付け加えた文章もいくつかある（1章と13章）。不十分な記述もあるだろうが、そうした部分の改定は後に続く若い人々の検証に任せたいと思う。

ひとつ残念なことは、新聞連載が終わった年の二〇一四年七月に共著者のひとりである浜端悦治さんが病で急逝されたことだ。もっとゆっくり原稿を確かめていただきたかったのにと悔やまれるが、致し方ない。人生を駆け足で生き抜いた浜端悦治さんの遺志を最大限に伝えることも、残された私たちの役割であるような気がする。思わぬ形で遺稿集ともなった本書だが、執筆者の魂が乗り移ったような力作ができたと思っている。この「琵琶湖という我が国でもっとも古くて、もっとも大きな湖の履歴書」を通して、水と人との幅広い関わりを理解いただき、地球という巨大な水循環システムに依存する人類のサバイバルへの道標になればと願っている。

二〇一五年吉日　執筆者を代表して

熊谷 道夫

琵琶湖は呼吸する　目次

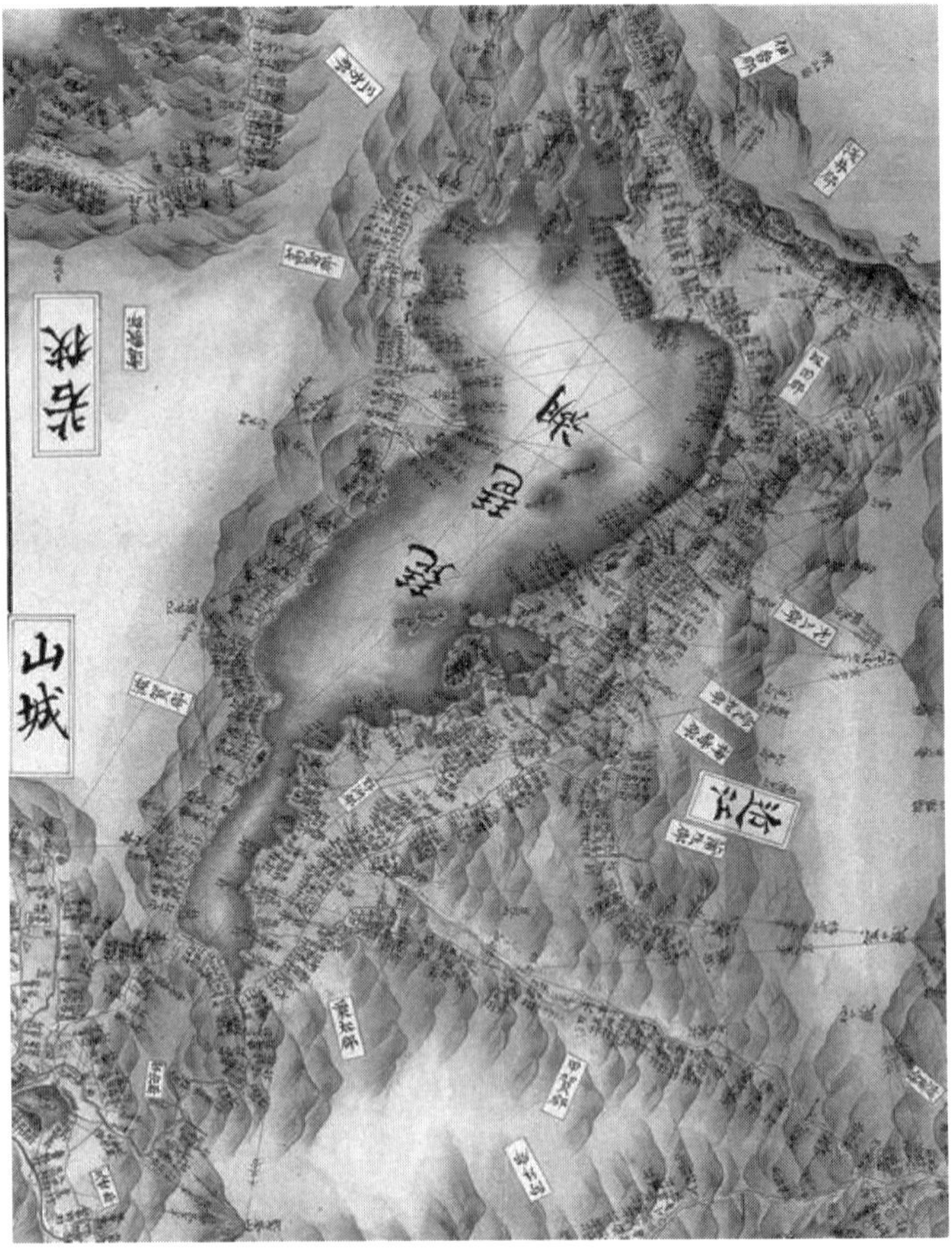

図0-1　琵琶湖図(伊能忠敬、1805年測量、1807年製作)。昔の内湖などがよくわかる。

1章　琵琶湖は地球の鏡

わずかな淡水

地球上に暮らす生物にとって、水は欠かすことができない存在である。逆に言えば、水があったからこそ地球上に生物が生まれたし、淡水があったからこそ陸上に生物が進出できたと言ってもよい。人類にとって、淡水はその生存を左右する重要な物質である。

では、地球上にどのくらいの量の淡水が存在しているのだろうか。

地球上に存在する水の九七・五％は海水であり、淡水は二・五％に過ぎない（図1―1）。この貴重な淡水の内六八・九％が、北極や南極といった極域や山岳地帯にある氷河や根雪の形で存在している。その他、三〇・八％が利用できない地下水であり、残りの〇・三％が湖沼や河川に存在する利用可能な淡水だと言われている（ロバーツ　2006）。これは水量にして一〇五兆トン、つまり琵琶湖に換算して三八一八個分に相当する。

さて、この貴重な淡水の四五％が湖沼に存在している。しかも、それは非常にかたよって

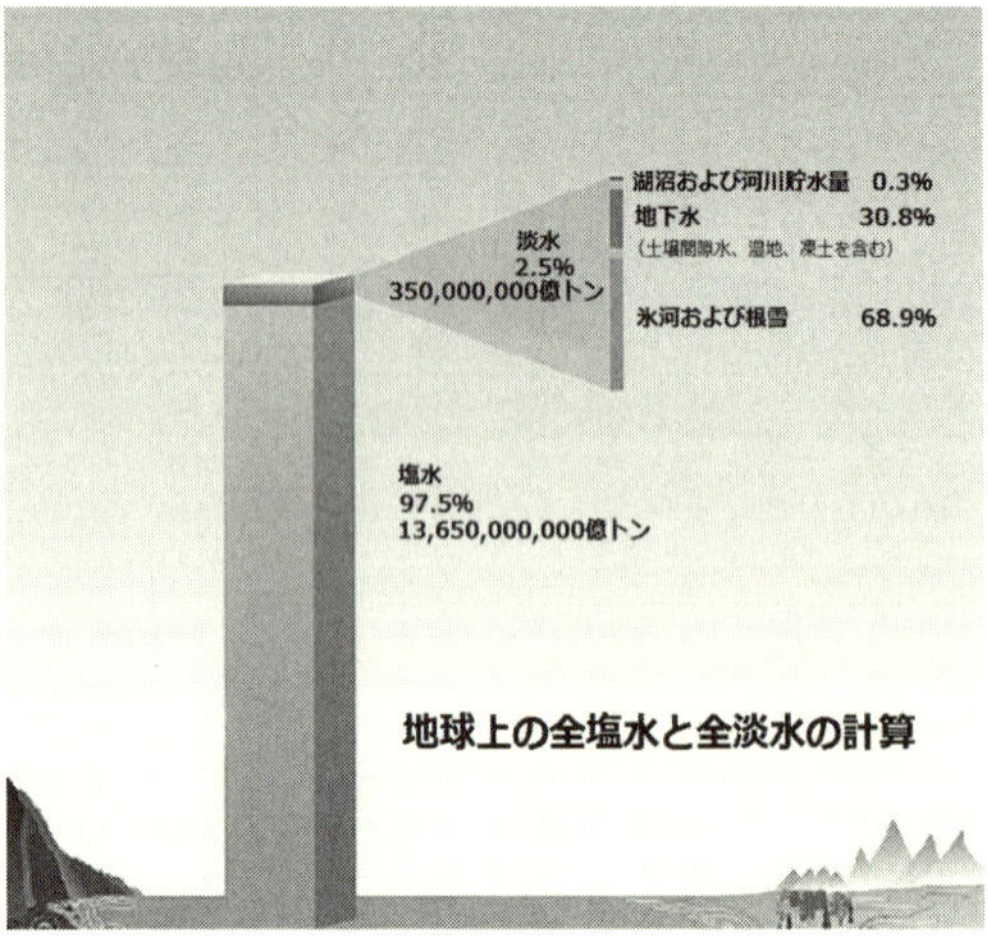

図 1-1　地球上で人類が利用可能な淡水の割合（Shiklomanov 1999 改変）

いて、二〇%はロシアのバイカル湖にあり、あと二〇%は北米の五大湖、残りの六〇%がそれ以外の湖沼に広く分布している。

このような水の割合を考慮するならば、日本国土の表面に存在する淡水の三四%が琵琶湖にあるという話も、そんなにおかしくは聞こえない。実際、河川や湖沼の水の流れを瞬間的に止めて計算すれば、そのほとんどが湖沼にあり、そして約三分の一が琵琶湖にあるのである。それほどの水量を琵琶湖は有しているのだが、日常的にこのことを意識している人は多くない。

空気とともに水は無料だと思われてきたが、最近は消費財（commodity）として取引されるようになってきた（Kumagai and Vincent 2003）。このことに強く反発する人もいる。水と空気は、いかなる人間に対しても無償で提供されるべきだという考えである。一方で、環境の悪化によって、正常な空気や水が入手しにくくなっていることも事実である。市場原理の社会では、良い空気、良い水を手に入れるにはコストがかかる。五十年前には考えもしなかったことだが、今や、ミネラルウォーターを取り扱う巨大な市場が出現している。

世界の中の琵琶湖

ところで、世界にはいくつ湖沼があるのだろうか。複数の研究者から成る国際チームによる最近の計算では、大小を含めて三億四〇〇〇万個の自然湖沼があるのだそうだ。これにダムなどの人工湖沼と灌漑用ため池などの小さな湖沼を加えると、湖沼の総面積は四六〇万平方キロメートルとなり、地球上にある大陸面積の約三%を占める（Downing *et al.* 2006）。

ただし、湖沼の大きさは常に一定ではなく、雨季と乾季で大きく面積を変える湖（たとえばカンボジアにあるトンレサップ湖は雨季には乾季の六倍もの面積になる）や縮小している湖（たとえばアラル海は五十年間で面積が五分の一になった）があり、おまけに南極の氷の下には未調査の湖（琵琶湖より一九六倍も容積が大きいボストーク湖など）も存在する。現在のデータに基づくと、琵琶湖の面積は世界の淡水湖の中で一二九番目、塩湖も含めると一八八番目の大きさである。もちろん、わが国では最も大きい。

また、琵琶湖の古さは、世界で三番目だと言われている。しかし、湖の古さの基準は曖昧で、年代測定がなされているかどうか、また測定されていたとしてもその精度が確かかどうか、などといった慎重な議論を必要としている。一般的には、湖底のボーリングを行い採取した堆積物中に存在するさまざまな放射性元素の同位体を用いた年代測定を行うことによって古さが確定される。

一〇〇万年以上古い湖を古代湖と呼んでいる。世界には二〇個ほどの古代湖が存在している。この意味で、琵琶湖は古代湖の基準を十分に満たしていると言える（3章参照）。琵琶湖の古さは、琵琶湖にしかいない生物（固有種という）が多い（六〇種以上）ことからも理解できる（12章参照）。なぜなら、固有種が生まれるためには、十分な時間をかけて種の分化や遺存が行われることが必要だからである（4章参照）。

世界最長の湖底ボーリング

湖底の泥は地球の履歴書でもある。雨の多い時代には大きな砂礫や樹木などが河川から流れ出て堆積する。乾燥した時代には、ほとんど堆積しないか、堆積しても細かな砂粒のみである。したがって、地球の長い歴史を辿ろうと思えば、可能な限り深い場所から堆積物のコアを採取すればよい。このことに挑戦した日本の研究者がいる。京都大学琵琶湖古環境実験施設を立ち上げた堀江正治（一九二六年〜二〇〇八年）である。

堀江は、一九八一年に、一四二二・五メートルという、長大なコアを琵琶湖から採取することに成功した。コアの下部にあたる約五〇〇メートルは無化石泥炭層で、中生代（約二億五一〇〇万年前から約六六〇〇万年前）もしくは古生代（約五億四二〇〇万年前から約二億五一〇〇万年前）の基盤岩層であり、その上に約九一〇メートルの堆積物が積もっていた。湖沼におけるこのコアの長さは、未だに破られていない世界記録である。ちなみに世界で最も古い湖であるバイカル湖（約三〇〇〇万年前に海から孤立した）でさえ、湖底から採取された最長のコア長は六〇〇メートルに過ぎない。

図 1-2　前列左より根来健一郎助教授、森主一教授、山元孝吉助教授、後列左より鈴木紀雄助手、堀江正治助手（『大津臨湖実験所五十年その歴史と現状』より）

なぜ、堀江は琵琶湖で世界最長のコアを掘ることができたのだろうか。京都大学理学部附属大津臨湖実験所（一九二二年〜二〇〇一年）の助手をしていた堀江は、早くから琵琶湖において古陸水学の立ち上げを目指していた(図１－２)。一九七一年には、二〇〇メートルのコアを採取し、琵琶湖における過去五〇万年間の堆積構造を解析した（堀江 1973)。

これによって（1）地球磁場の逆転層、（2）降水量の変化、（3）炭素・窒素・リンなどの変化、（4）

花粉解析による寒暖の変化、（5）古水温の変化、などといった貴重な発見を行った。これらの研究成果によって、三年ごとに開催される国際陸水学会（ＳＩＬ）において、一九八〇年に日本人として初めてBaldi講演賞を獲得した（余談だが、著者の一人である熊谷は、二〇〇八年に、日本人で二人目の受賞者となっている）。こうした努力が実を結び巨額の研究費を手にした堀江は、一九八一年に世界最長のコアを採取することができたのである。何事も諦めないということが、研究の世界では大切であることを物語っている。

ロマンチストであった堀江は、生涯独身でもあった。私が京都大学の大学院生であった頃に、研究室にあった電話をかけにやってきた堀江が、私が聞いていた音楽にじっと耳を傾けていたことを思い出す。それがモーツァルトだったと記憶している。堀江のおかげで、琵琶湖は世界のひのき舞台に引きずり出された。そして、これらの研究成果によって、堀江は一九八六年に学士院賞を受賞したのである。

地球と琵琶湖

堀江は面白いことを言っている（堀江 1973）。

「湖中の生物中に、海産起源の種が含まれ、しかもそれが日本海と関連を有するらしい事実がある。……近江盆地、伊賀盆地一帯を踏査した限りでは、古琵琶湖と海洋との連絡は、地形的に見て現在の琵琶湖北部以外には考えられない」

もしこのことが正しいとすると、琵琶湖は日本海から来たことになり、琵琶湖が伊賀上野にあった古琵琶湖から移動してきたという定説は否定されるのかもしれない（3章および4章）。

いずれにしても、琵琶湖が地球規模の地殻変動によって形成されたことは確かである。そういう意味で、琵琶湖の湖底には地球の古い時代のメッセージが眠っている。古陸水学は、その歴史を紐《ひも》解く学問である。

もうひとつ興味深いのは、琵琶湖に形成される地衡流渦《ちこうりゅううず》である(5章参照)。琵琶湖では「環流」と呼んでいるのだが、これには地球の自転が深く関わっている。つまり、地球の自転が止まったら、環流は形成されないのである。このように、地球の自転の影響が無視できない水の流れを研究する学問を、地球流体力学と呼んでいる。水の流れは環境の変化に伴って時々刻々と変化するので、地球流体力学は現代気象学・海洋学・陸水学の中枢を占めている。

かくして、琵琶湖と地球は切っても切れない関係にある。したがって、私たちは、「琵琶湖は地球の鏡である」と呼ぶことにする。以下の各章では、さまざまな角度から琵琶湖を解説し、地球の鏡としての琵琶湖の素顔を浮かび上がらせたいと考えている。

2章　劇的に変化した琵琶湖の環境

ビワパール

二〇一一年の冬、一人のアメリカ人女性が私のもとを訪ねてきた。ジャーナリストだという。モンゴルに長くいたのだが、病気をしたので日本へ移ってきたらしい。「外国人に琵琶湖を紹介したいのです」と、彼女は語り始めた。

彼女がアメリカに帰国した折に、「琵琶湖について知っていることは何か」と母親に尋ねた。すると母親は「琵琶湖と言えば真珠だ」と答えたそうである。

私は思わず唸《うな》ってしまった。日本人でさえ、かつて琵琶湖で真珠養殖が大規模になされていたことを知らない人が増えてきている。ましてや、海の向こうの国のアメリカ南部に住む普通の主婦が、琵琶湖の淡水真珠について知っていたことに驚愕したのだ。

琵琶湖の真珠養殖の幕開けは、一九三〇年までさかのぼる。琵琶湖の固有種であるイケチョウガイ（池蝶貝）を母貝として始まった淡水真珠の生産は、一九八〇年には年間四〇億円を売り上げるまでに成長した。規模の小さな琵琶湖の水産業の中では特筆できる生産額であった。ところが、一九八〇年代後半から急激に生産量が減少した。母貝が育たなくなったのである。

赤野井湾の真珠養殖に携わった人の話によると、母貝は途中まで順調に育つのだが、アオコが出始める夏頃になると急に成長が止まるのだという。現在では、隣の国、中国産のヒレイケチョウガイと琵琶湖産のイケチョウガイとの交雑種を用いた養殖がなされているが、往年の面影はない。年間の生産額も一〇〇〇万円から二〇〇〇万円程度だという。「ビワパール」という名前だけが世界に残った琵琶湖で、いったい何が起こったのだろうか。

富栄養化から温暖化へ

一九六〇年代後半から琵琶湖の水質は急激に悪化し始めた。いわゆる富栄養化の始まりである。おそらくかなりの量の家庭雑排水や工場排水、農業廃水が流入していたのだと思われるのだが、湖水中のアンモニア態窒素濃度が急激に上昇したのだ。

一九七〇年代になると水中のリン濃度も上昇し始めた。そして、一九七七年には淡水赤潮が琵琶湖の広い水域に発生した。ウログレナ・アメリカーナという黄色鞭毛藻類に属する植物プランクトンの異常増殖である。

図2-1 中国雲南省の瀘沽《ろこ》湖に設置されたリンを含んだ洗剤の規制看板（2001年6月撮影）

このことに驚いた滋賀県は、一九八〇年に「富栄養化防止条例」を施行し、リンなど栄養塩類の排出規制を行った。当時の滋賀県知事、武村正義の英断だった。このことによって琵琶湖の水質は劇的に改善され始めた。

余談だが、一九九〇年代以降の著しい経済発展のために、依然として湖沼の富栄養化の進行に歯止めがかからない中国では、「琵琶湖に見習え」と懸命な富栄養化対策を行っているが、二十一世紀になった現在でも必ずしも成功しているとは言えない（図2―1）。それほどまでに、琵琶湖の回復への変化は早かった。

一九八〇年代後半になると、琵琶湖では別の変化が起こり始めた。急激な水温上昇である。図2―2に示したのは、過去百年間の琵琶湖表面における年平均水温の変化である。一九六二年以降の観測値は滋賀県水産試験場の測定データで、それ以前の推定値には彦根気象台の平均気温を用いた。一九八〇年中頃までは、

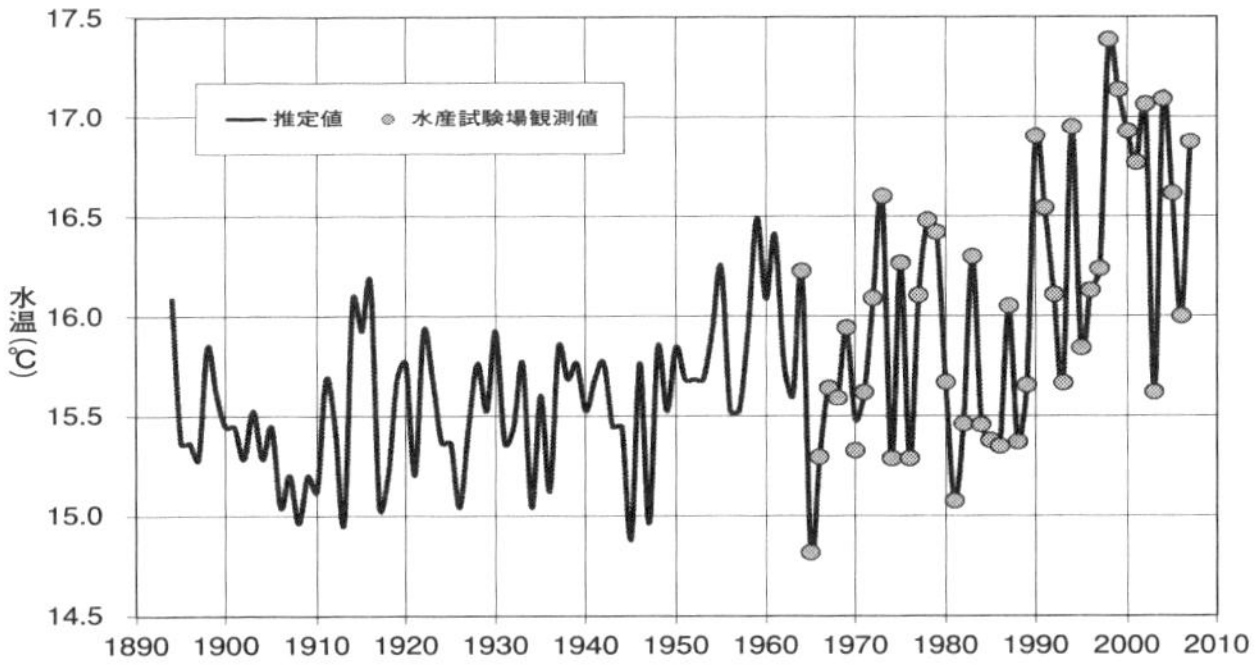

図 2-2 琵琶湖における年平均表面水温の変化（熊谷　2008）
彦根地方気象台の気温と滋賀県水産試験場で計測した水温のデータから、過去 100 年間の琵琶湖表面水温の変化を求めた。これによると、1950 年頃から、琵琶湖の水温は大きく変動しながら上昇し、特に 1990 年代になってから高い水温を保っている。

琵琶湖の表面水温の年平均値は一五・五℃前後で変動していた。ところが、一九八〇年代の終わりになると急激に上昇し、現在は一六・五℃前後で変動している。わずか五年ほどの間に、約一℃平均水温が上昇したことになる。最大値と最小値で比較すると約二℃上昇している。このような水温上昇は、気温上昇とよく対応しており、世界各地の湖沼でも同様の変化が発生している。

一九九三年に私が最初に水温上昇のことを指摘した時、多くの研究者や行政担当者になかなか信じてもらえなかった。というのは、当時、すべての研究や施策は富栄養化対策に特化しており、地球温暖化に対する評価も確定したものではなかったからである。環境審議会の委員ですら、琵琶湖で起こっている状

図 2-3 空から見た大津市街と琵琶湖南部（滋賀県提供）

況変化に気がつかなかった。これらのことが、琵琶湖における水産業や水環境の重大な変化に目が行き届かなかった要因となり、きちんとした記述ができなかったという痛恨のミスを引き起こしたのである。

言うまでもなく、水温の変化が魚貝類に及ぼす影響は非常に大きい。直接的な生息環境の変化もさることながら、エサの変化も見逃せない。たとえば、植物プランクトンの種組成の変化も影響したのだろう。最新の研究成果によると、過去三十年間で、特に湖岸付近に生息していた数の少ない種類の植物プランクトンが急激に減少して、種の多様性が失われつつあるという。こうして琵琶湖の環境は劇的に変化していった。

繰り返しになるが、一九九〇年当時の生物研究者や環境行政の担当者が、琵琶湖における水温変化の影響をほとんど考慮しなかったことも奇妙な話だ。正確な評価ができていれば、もう少し違った対応ができていたのかもしれない。既成概念にとらわれないで客観的に自然を観る目の大切さが問われている。

さらなる別の変化が……

現在、琵琶湖では富栄養化や温暖化とは異なった、さらなる別の変化が起きている。これまでの生態系や水質を根本的に変え得る、世界のどの湖でも報告されていない新しい現象である。残念ながら、多くの人々はこの現象に気がついていない。おそらく、日々琵琶湖で漁をする漁業者と一部の研究者だけが漠然とした不安を覚えているのだろう。

不幸なことに、事態の重大さに私たちが気がつくのは環境の大きな変化が起こってからであり、往々にしてそれらは遅すぎる場合が多い。本書では、過去の現象を慎重に紐解き、検証しながら、近い将来に予想される変化について記述したいと思う。

3章　琵琶湖のおいたちを探る　その1

猿人誕生の時代に

琵琶湖の歴史は、今から四二〇万年前までさかのぼることができる。ちょうどその頃、アフリカのエチオピア地方では、アルディピテクス・ラミダスという二足歩行する猿人が誕生していた（図3－1）。もしこの猿人がアジア大陸の果てまでたどり着いて、湖のほとりにたたずんだとしたら、いったいどのような光景を目にしたのだろうか。

沈降や隆起を繰り返す

時は、「第三紀」（約六五〇〇万年～一八〇万年前）の終わりで、「鮮新世」と言われる時代だ。日本はアジア大陸と地続きで、まだ島にはなっていなかった（図3－2）。

このように古い時代の琵琶湖のことを、「古琵琶湖」と呼んでいる（琵琶湖自然史研究会1994）。約四二〇万年から約三二〇万年前の古琵琶湖は、今の三重県西部に位置する上野盆

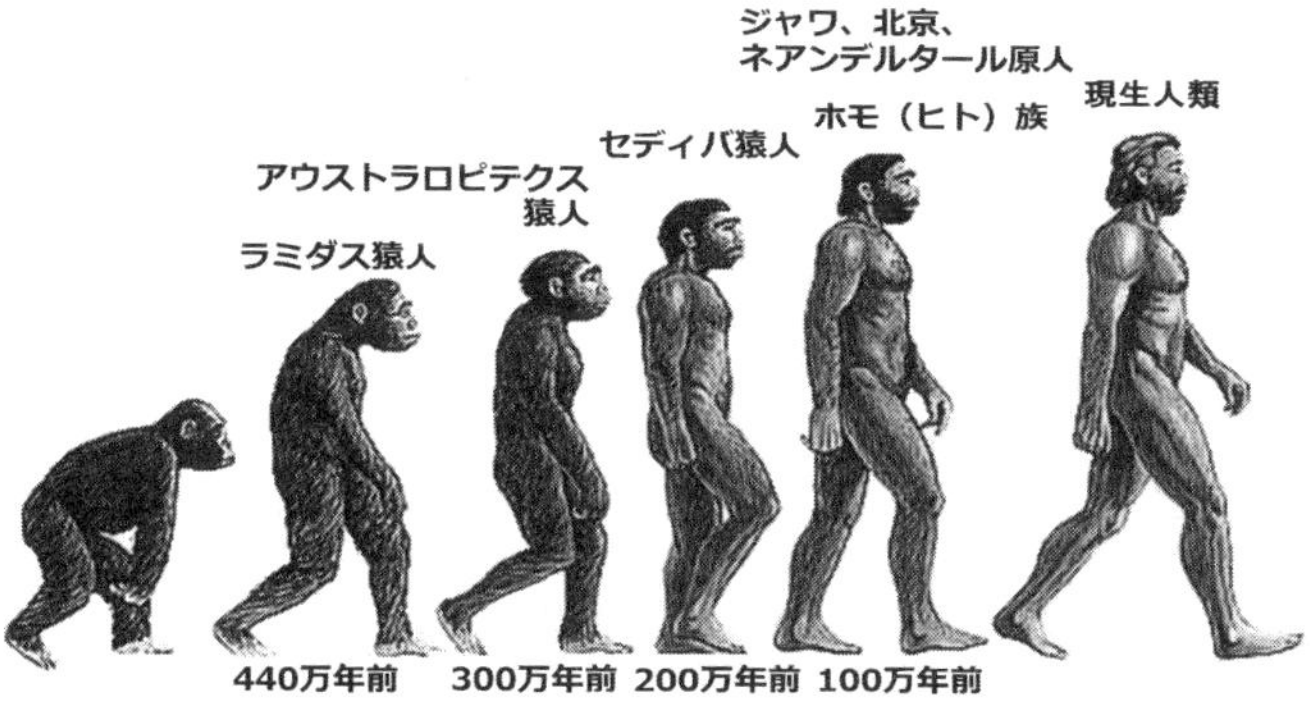

図 3-1　猿人から人類への進化の歴史

地（伊賀盆地）にあった（図3－3）。当時は地殻活動が活発で、断層が沈み込んだ窪地に水がたまり大山田湖ができた。いくつかの河川が、北東、西、南東などから流入していたが、流出はほとんどなく比較的安定した湖だったようだ。

図 3-2 大陸と陸続きだった日本（ Kameda and Kato　2011）
琵琶湖が移動し続ける時代、日本は大陸とつながっていた。今の日本の形が出来上がるのは約１万年前のことである。

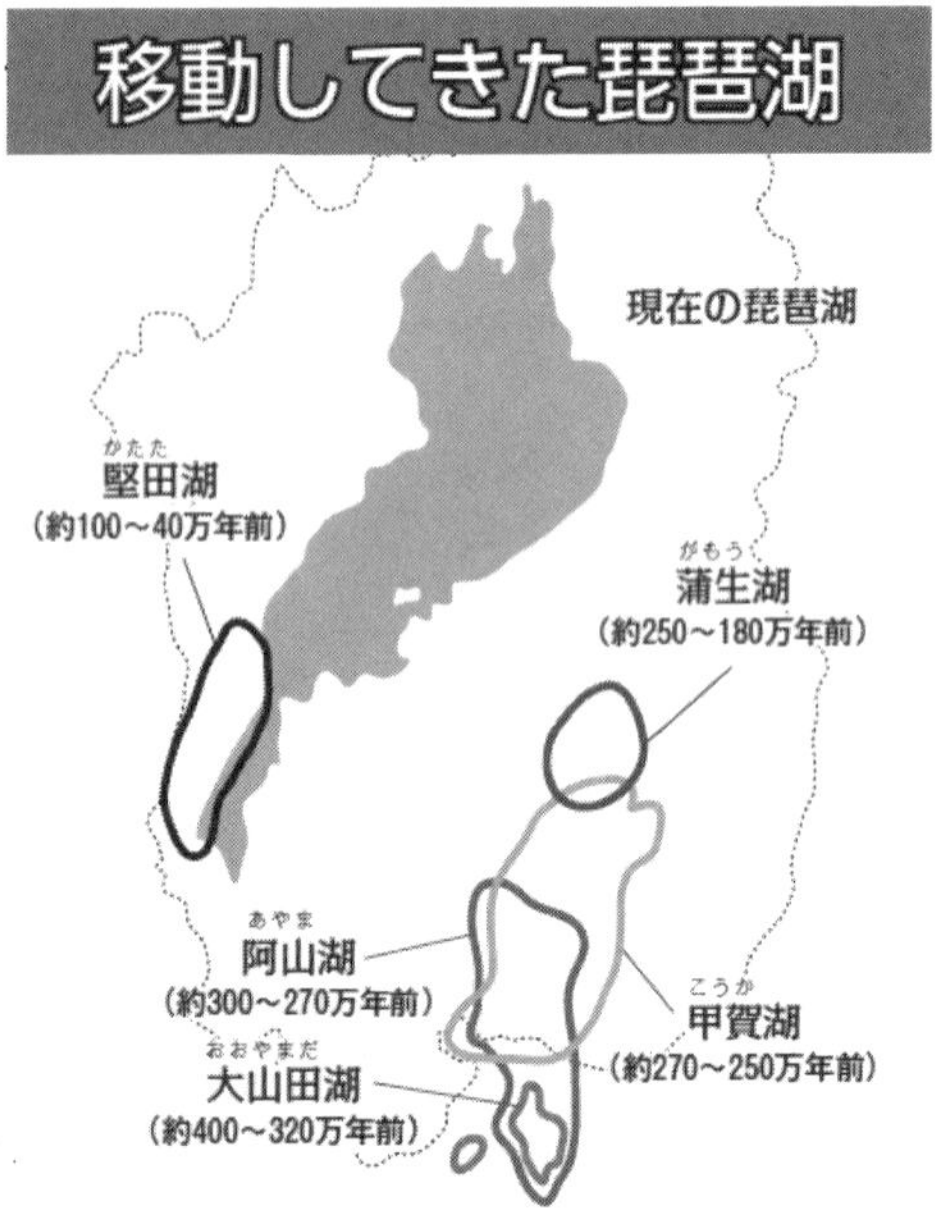

図 3-3　移動してきた琵琶湖。420 万年前から現在までの古琵琶湖の移り変わる場所と現在の琵琶湖の場所を示し、滋賀県の輪郭を追加している。

気候は亜熱帯から熱帯に近く、かなりの広さと深さをもち安定した湖であった大山田湖には、水草やプランクトン、魚貝類がたくさん存在した。特にコイ科の魚は豊富で、現在の琵琶湖より種類も個体数も多かった。体長が二メートルに近い大型のコイもいたと推定されている。また、今も琵琶湖に生息するビワコオオナマズにきわめて近いナマズ科魚類や大型のスズキ科魚類、ワニ類、スッポン類も生息していた。沿岸帯では、タニシ科の巻貝が優占しコイ族の好餌となっていたという。

大陸と陸続きだということもあって、これらの動物群はアフリカ、西アジア、東南アジア、

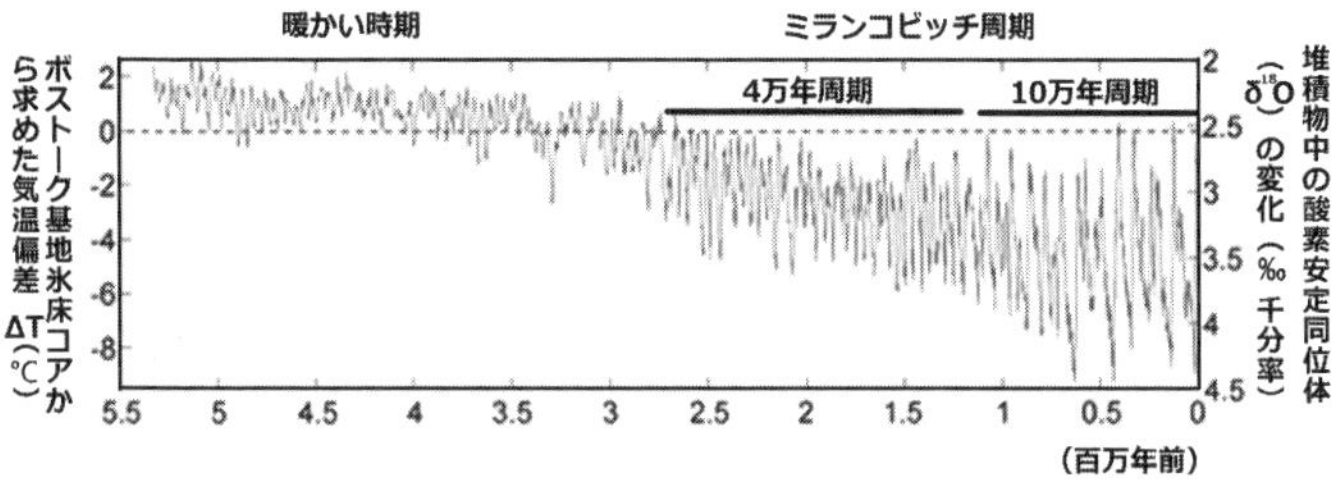

図3-4　氷床コアから推定した過去500万年間の気温変化

中国などの影響を深く受けていたと思われる。もし、当時の湖畔にたたずむことができれば、ゾウやシカなどが水を飲みに来る姿や、ツルなどがエサをついばむ姿が見られたことだろう。

埋められた大山田湖

ところが約三二〇万年から約三〇〇万年前にかけて、大山田湖は湖東流紋岩という火山岩の礫によって埋めつくされてしまう。現在の琵琶湖付近は、当時火山岩からなる険しい山地で、そこから流れ出た河川が大量の礫を大山田湖に運んだとも考えられている。

実は、この頃から地球は急激に寒冷化に向かっていった。それに伴って、地球の気温は約二万年、約四万年、約一〇万年という三つの周期で大きく振動し始めた。これは地球の自転や公転の変化に伴うものでミランコビッチ周期と呼ばれている(図3―4)。このような地球全体の変化がなぜ突然起こったのかは不明だが、大きな気候変動は古琵琶湖の生態系にも影響を与えたと思われる。

ミルティン・ミランコビッチ（一八七九年－一九五八年）は、セルビア生まれの地球物理学者である。地球の公転軌道の離心率、地球の自転軸の傾きと歳差運動を基に、数万年周期で発生する地球上の気候変動を発見した。

図 3-5 愛知川（東近江市）の川原に露出した化石林
（琵琶湖博物館提供）

阿山湖から甲賀湖へ

約三〇〇万年から約二七〇万年にかけて大山田湖が河川からの堆積物で埋められ、その北側に別の湖が形成された。阿山湖の誕生である（図３－３）。

当時の気候はまだ温暖であったが、コイ族がフナ族にとって代わられ、生物種は次第に貧弱となり、大山田湖に生息した生物のほぼ四〇％が絶滅したと言われている。やがて、阿山湖も北から流入する河川によって埋め尽くされた。

そして、今の野洲川より北の地盤が相対的に沈降し、甲賀湖が形成された（図３－３）。

今から約二七〇万年から二五〇万年前の話である。この湖は、低水温で水深が七〇メートルから九〇メートル近くあったようだ。生物群集では、コイ科魚類相が大山田湖の頃と比較してはるかに単純で貧弱なものとなった。

このように、古琵琶湖は、生物群集や堆積構造の大きな変化を伴いながら、地殻活動による沈降と隆起を繰り返し、南から北へと移動していったのである。

古琵琶湖の証人・化石林

こうした古琵琶湖が移動した痕跡は、化石林に見ることができる。化石林とは、森林の樹幹や根・茎などが立ったまま埋没し、生育していた状態を残して化石になったものである（図3－5）。滋賀県内では、愛知川（東近江市・永源寺）、野洲川（湖南市）、佐久良川（日野町）などの川原に露出し、直径一メートル以上の巨木も発見されている。古琵琶湖層群に埋もれており、数百万年前の太古の植生や環境を類推する重要な資料となっている。

4章　琵琶湖のおいたちを探る　その2

二五〇万年前の琵琶湖

今から約二五〇万年から約一八〇万年にかけての話だ。地球上では、「原人」に近い「セディバ猿人」が南アフリカで誕生していたことが報告されている（図3－1）。この時期、再び起きた地盤変化で甲賀湖が消滅し、現在の水口や日野から多賀にかけた一帯に蒲生《がもう》沼沢地が誕生する（図3－3）。この頃になると、大山田湖および阿山湖があったあたりは完全に陸地化し、そこに棲んでいた貝類などの生物の多くが死滅した。

一方で、この時代には新しい種類の魚類が登場したと言われている。たとえば、魚種は阿山湖時代後期より増えて、コイ族も回復してくる。貝類では浅い水域に生息するものが増えて、中国や東アジア型に分類されるものが六〇％を超えていた。このことは、当時日本が中国大陸との地続きであったことによると思われる。

失われた四〇万年

しかし、初めは深かった蒲生湖も、やがて北方（現琵琶湖）や東方（鈴鹿山脈）からの土砂堆積によって沼地化していく（図4－1）。約一四〇万年から約一〇〇万年前にかけて、ついに古琵琶湖はその形を失い、草津付近に河川や湿地帯として残るようになっていった。いわゆる草津塁層と呼ばれる河川の時代である。

この「失われた四〇万年」間から、古琵琶湖と現琵琶湖の不連続性を指摘する研究者もいるが、一方、湖沼が存在したと指摘する研究者もいる。

図 4-1 古琵琶湖の消滅につながったと見られる鈴鹿山脈の隆起（写真は永源寺付近、滋賀県提供）

現れた「現在の琵琶湖」

次に湖が現れるのは、今から約一〇〇万年前である。これを堅田湖と呼んでいる（図3－3）。堅田湖は、水深が数メートル程度の浅い湖であったと言われる。セタシジミなどのいわゆる琵琶湖の固有種の多くは、これらの時代に遺存したり分化したりしたようだ。この中には、ワタカやゲンゴロウブナといったよく知られた魚種も含まれている。

約四〇万年前になると比良・比叡山が隆起し始め、西岸断層帯の活動に伴って湖が深くなり現在の琵琶湖が形成された。

内湖や沿岸域などの浅瀬や、深い沖帯などの多様な生息環境を有した現琵琶湖は、ビワマスやイサザ、イワトコナマズ、ビワヒガイ、アブラヒガイ、ウツセミカジカ、ホンモロコ、ニゴロブナなどの固有種と呼ばれる種の分化を促してきた。つまり、現琵琶湖はそれだけ豊かな生育環境を生物に提供できた湖であったと言える。このように琵琶湖は、大きくて深い湖へと変化してきており、湖の沈降は年間数ミリの速さで今でも続いている。

秘められた謎

このようにして、琵琶湖の歴史は、地球環境や地殻活動と密接に関係している。地盤沈下や隆起に伴って、短いサイクルで川の流れが変わり、堆積構造が変化してきたのである。それによって、生物の絶滅や固有種の分化・遺存など、複雑な進化の過程が繰り返されてきた。その中で、古琵琶湖と現琵琶湖をつなぎ合わせる可能性として、ビワコオオナマズがあげられる（図4－2）。大山田湖跡で発見された原種と現存するビワコオオナマズが同じものだとするのならば、いったいどうやってあの大きな生物が数百万年も生き残ったのだろうか。特に、失われた四〇万年間をどこで過ごしたのだろうか。私たちの知らない湖があったのかもしれない。古琵琶湖から現琵琶湖への変化の歴史には、こんなロマンや謎が秘められている。

図4-2　琵琶湖最大の生き物ビワコオオナマズ
（琵琶湖博物館提供）

琵琶湖はかつて険しい山岳地帯だった

現在の琵琶湖がある地域は、かつては険しい山岳地帯であったようだ。東のフィリピン海プレートと西のユーラシアプレートが押し合う圧力によって、この山岳地帯は沈降を続け深い窪地へと変化した。現在の琵琶湖に浮かぶ島々は当時の山頂である。

花崗岩でできた竹生島や多景島、湖東流紋岩でできた沖島や沖の白石の基盤（底）はどうなっているのだろうか。植村・太井子（1990）によれば、湖底に沈積した堆積物の厚さは、五〇〇メートル未満から一〇〇〇メートル以上と場所によって大きく異なる。かつての山稜部分は堆積が少なく、谷筋は堆積層が厚い（口絵1）。

これらの堆積物を取り除いてみると、昔の山並みが浮かび上がってくる。最も大きかった山嶺は、現在の海津（高島市）から沖の白石を経て愛知川方面に延びており、その西に一〇〇〇メートル近い急峻な谷があったと思われる。

数百万年前には、この高い山脈から流れ出た川が南方に下り、大山田湖に注ぎ込んでいたのだ。かつて湖があった場所は隆起を続けており、山であった琵琶湖は沈み続けている。

一方で、古琵琶湖と言われる大山田湖と現在の琵琶湖を同じ湖沼として取り扱うことが正しいかどうかについては、さらなる議論が必要である。1章でも述べたように、琵琶湖の起源を日本海に求める説もある（堀江 1973）。このことを明らかにするには、地質学・地形学・生物学といったさまざまな学問の統合的な議論が必要である。わが国の学問が往々にして閉鎖的であり、学問の領域を超えた議論や研究が十分になされてこなかったことによって、検証されないシナリオが定説となっている気がする。本書での問題提起が、今後の議論の端緒となることを願っている。

5章　水の動き　「密度流」と「環流」

融雪洪水

姉川から融雪水が琵琶湖に流れ込んでくる。三月二十日前後のお彼岸の頃に起こる琵琶湖の風物詩だ（口絵2）。滔々《とうとう》と流れ込む水は、時として姉川の堤防を窺うくらいにまで増水する。そんな姉川の上流に巨大ダムを建設する話があった。雪解け水を貯めておいて、春から夏の農業用水を確保することを主目的としている。当時、「ダムありき」で設置された評価委員会に呼び出され、私は何か違和感を覚えた。

酸素不足を直接緩和

冬季に姉川や安曇川から流入する濁流は、湖底に沿って深くもぐり込む。密度流と言われるこの流れは、周辺の湖水より密度が大きい場合に発生する。融雪水の水温が低く、かつ濁度が高いことが要因である。

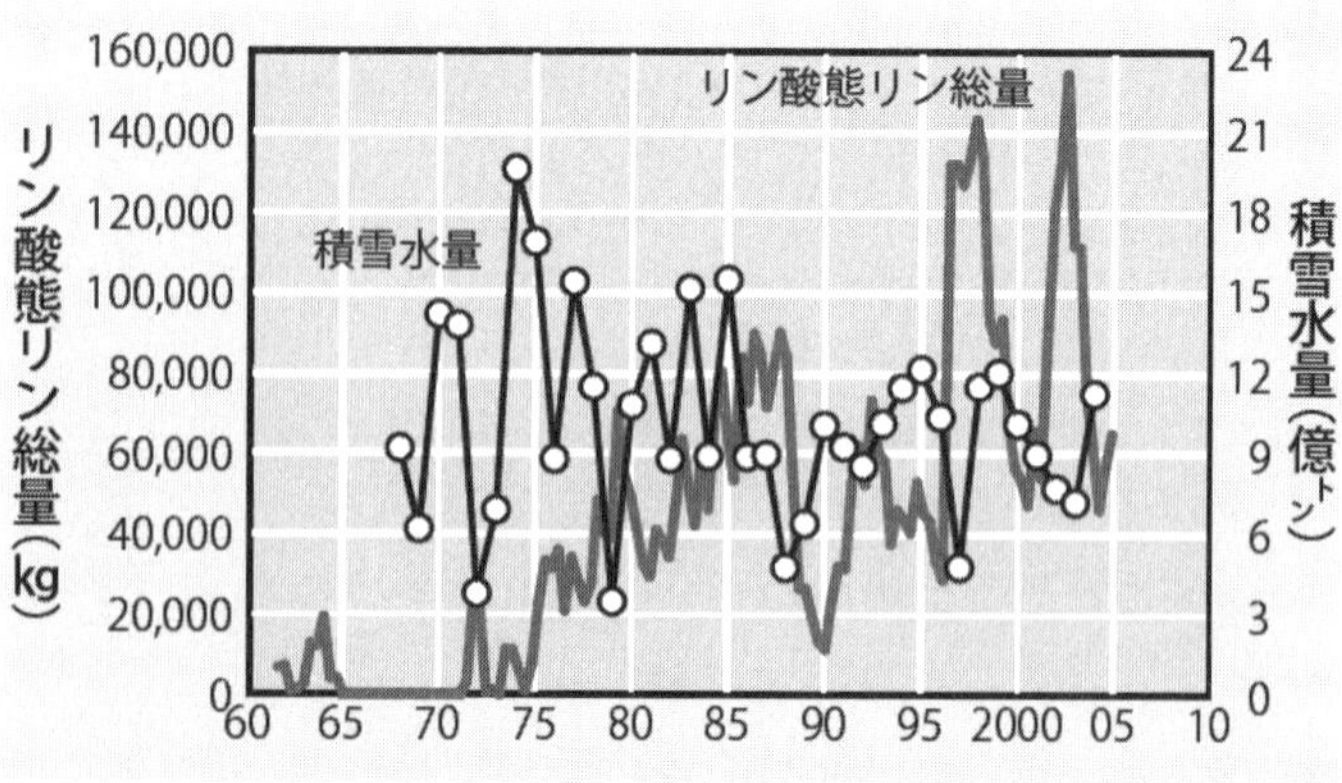

図 5-1 琵琶湖集水域における積雪水量とリン酸態リン総量の変化

評価委員会では、河川から流れ出る水の量は湖水の量と比較してさほど大きくないことから、ダムの建設は琵琶湖の環境に大きな影響を与えないという結論を誘導していた。私が持った違和感は、冬に水を流さなくても琵琶湖への影響は本当にないのか、ということだった。冷たい川の水は酸素を多く含んでいるので、湖底の酸素不足を直接緩和することができる。それがなくなるのだ。委員会はそのことを論じていなかった。

友人の医師がこんなことを言っている。「九〇%の確率で助かります」というのと「一〇%の確率で助かりません」というのは、どちらも同じことを言っているのだが、聞いた感じは全く異なる、と。「河川水の量が少ないから、琵琶湖への影響は少ない」という論理が、本当に正しいのだろうか。年にもよるが、一月から三月にかけて姉川から琵琶湖へ流入する水量の合計は、約一億トンから二億トンである。琵琶湖全体の水量二七五億トンから比べれば一％にも満たない。この事実に反論するつもりはない。

融雪水が湖底に膜を作る

ところがここに面白いデータがある。その年に降った雪を水に換算した量（積雪水量）と琵琶湖に溶けているリン酸態リン[1]総量の間に有意な負の相関があるのだ。つまり雪が多い年はリン酸態リンの量が少なく、雪が少ないとリン酸態リンの量が多くなる（図5－1参照）。

私は、琵琶湖に流れ込んだ融雪水が湖底を覆うことによって、湖底の泥から溶出するリン酸態リンの量が減るからだと推論している。つまり融雪水が湖底に膜を作るのだ。仮に、一億トンの冷たい水を用いて湖底を覆えば、厚さが一メートルとして琵琶湖全体面積の一五％を覆うことができる。水深八〇メートルより深い部分なら完全に覆ってしまう。これは無視できない。つまり「河川水の量は少ないけれど、琵琶湖への影響はかなり大きい」と言える。

1　リン酸態イオンの形で存在するリンで、藻類の栄養として利用され、湖沼で富栄養化現象を引き起こす原因物質。

世界一美しい渦

ところで、琵琶湖の水流にはもう一つ面白い現象がある。環流だ。一九二五年に神戸海洋気象台によって発見された琵琶湖の巨大渦のニュースは、当時の新聞の一面を飾ったらしい。その後、多くの研究者がさまざまな手法を用いて環流の研究を行ってきた（口絵3）。

なぜ渦は一定方向に回るのだろうか。その答えは、地球の自転にある。コリオリ力[2]と呼ばれる見かけの力が働くからだ。地球上の北半球では、まっすぐ進む物体は右に曲げられる。南半球では逆向きだ。圧力とコリオリ力がバランスして生じる水の流れを地衡流《ちこうりゅう》と呼んでいる。

ただし、水の流れがゆっくりで、移動するスケールが大きくないと顕在化してこない。また、地衡流渦は赤道以外にあるどの湖にも存在するのだが、琵琶湖の渦は世界一美しい。緯度と温暖な気象が地衡流渦という微妙な美を演出しているからだ。湖の専門家はみなそのことを認識しているが、琵琶湖周辺に住む人は意外に知らない。

これまでは、冬になると環流は消滅すると考えられてきた。ところが、最近の観測によって、冬には逆回りの渦が形成されることがわかってきた。夏ほど安定的ではないが、ほぼ一カ月にわたって時計回りに回転する。

これは、夏に加熱された水が、冬は湖岸から冷却されることに起因している。したがって夏と冬の温度差が大きいほど、冬の環流は強くなる。

巨大な自然の仕組み

実は、冬の環流は先に述べた密度流と深い関係がある。冷たい水が湖底に沿って沈み込むエネルギーが、湖全体の運動を引き起こすのだ。琵琶湖の水量は二七五億トンである。全循環というのは、琵琶湖の水量の半分にあたる一三七億トンの水が上下に交換することを意味している。

たとえば世界最大の流出量を誇るアマゾン川の平均流量である毎秒二〇万九〇〇〇トンで割ると、約一八・二時間で入れ替わることになる。実際の琵琶湖では約一カ月かけて全循環が起こるのだが、それでも流量は毎秒約五〇〇〇トンにも及ぶ。日本国内ではこれに匹敵する河川はなく、世界でもインダス川並みの大河に相当する。

琵琶湖の水を上下に交換するために必要な自然のエネルギーがいかに大きいのかがよくわかる。ちなみに、世界最大の容積をもつバイカル湖でも、全循環というプロセスで上下の水

2　回転系の上で運動する物体が、進行方向に対して直角横向きに受ける力。

が混合するのは、深さ三〇〇メートルまでだという。それ以上の混合には、別の仕組みが存在している。

忘れてはいけないことは、このような水の循環を引き起こしているのは、気象現象であり、その大本が太陽のエネルギーだということである。琵琶湖という地球上の小さなスポットが、宇宙の摂理に見事に支配されていることに、改めて驚異を感じる。

6章　琵琶湖の気候緩和作用

北極圏最大の湖で

二〇一三年の夏は暑い日々が続いた。私たちの地球はどうかなってしまったのか、と心配するくらいだ。

私の友人であるワーウィック・ビンセント（カナダ北極圏研究センター長）の話によると、北極圏最大のワードハント湖では、一九五三年の夏には四・三メートルの厚さがあった棚氷が、二〇一一年以降、夏季には完全に消えるようになってしまった、という。冗談ではなく、いよいよ地球温暖化が深刻さを増してきている。

氷や雪があると太陽の入射エネルギーの多くは反射されるが、水では逆にほとんどが吸収されてしまう。つまり雪氷が融け始めると、水はどんどん暖められることになる。このことをアイス・アルベド・フィードバックと呼んでいる（図6―1参照）。氷と水では、全く真逆のプロセスが進行する。

アイス・アルベド・フィードバック

雪氷に覆われた土地や海洋の表面変化が、アルベド（地球表面で太陽光が反射される割合）を変えるという、正のフィードバックを伴う気候過程を指している。

雪氷面では約八五％の太陽エネルギーが反射されるが、水面では約七％しか反射されず、約九三％の太陽エネルギーが吸収される。気温が低下すると雪氷が増え、このことが太陽エネルギーの反射を増加させるので、さらに冷却が進行する。反対に、温暖化は雪氷を減少させ、太陽エネルギーの吸収を増加させるので、さらに気温が上昇する。

この正のフィードバック効果は、近年の北極圏における雪氷の減少と関連づけて議論されている。さらに、海水面の上昇に伴うアイソスタティックリバウンドの結果、地震が誘発されるという地球内部のフィードバック過程の可能性も指摘されている。

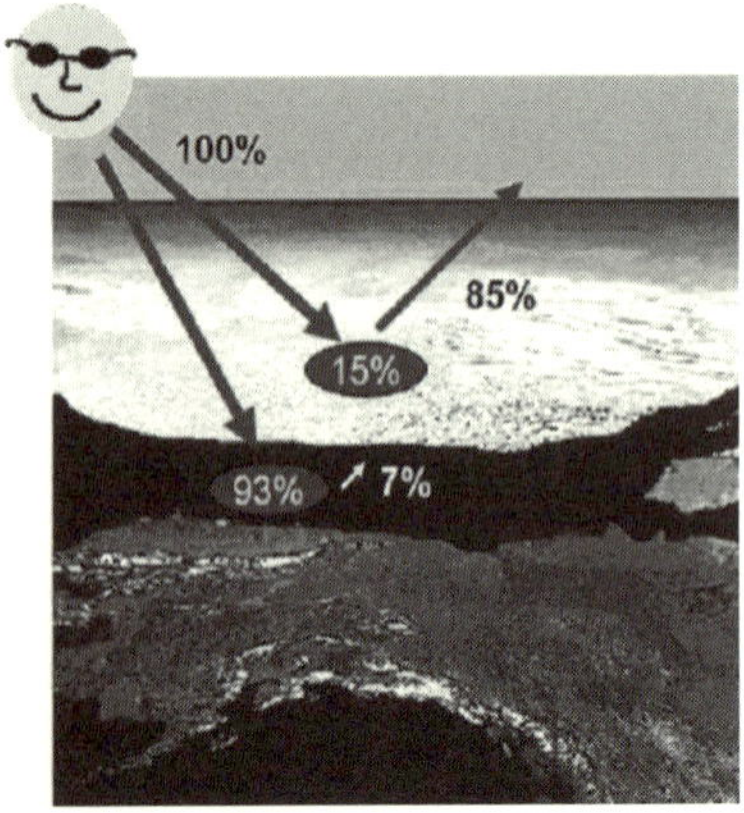

図 6-1 アイス・アルベド・フィードバック（ice-albedo feedback）

太陽エネルギー

では、琵琶湖では何が起こっているのだろうか。水は空気の三三三三倍の熱容量を持っている。つまり同じ体積ならば、水は空気よりはるかに多くのエネルギーを蓄えることができるので、暖まりにくく冷えにくいのである。日本の国土全体に存在する利用可能な淡水量の約三分の一を貯留している琵琶湖は、したがって大きな熱源であるとも言える。実際、琵琶湖北湖に注がれる太陽の年間全天日射量は約六八〇兆キロカロリーで、電力量に直すと約七九〇〇万キロワット時となる。これは、滋賀県で年間に使用する電力量一二五万キロワット時（二〇〇二年実績）のほぼ六〇倍に値する。

また、日本における全発電力量の七八％にもなる。驚くほど多くのエネルギーが、太陽から琵琶湖へ注がれていることになる。琵琶湖に取り込まれる太陽エネルギーのほとんどは、湖水を温めるために使われる。春から夏にかけて、湖は暖められ水中に熱が蓄積される。一方、秋から冬にかけて、湖の熱は大気へと伝わり水温は低下する。こうして暖められた大気は、琵琶湖周辺の気候を穏やかに保つことになる。

水温が約二℃上昇

実測によると、大気から湖水に入る年間の熱エネルギーは三〇五兆キロカロリーで、湖水から大気へ出る年間の熱エネルギーは三〇三兆キロカロリーである。したがって、琵琶湖に注がれる全天日射量の約四五％が水温上昇として使われていることになる。加熱と冷却の間に少し差があるのは、湖が少しずつ暖まってきていることを意味している。実際、過去二十五年間で琵琶湖内に蓄積した熱量は五五兆キロカロリーであり、その結果水温は約二・〇℃上昇している。これは滋賀県の平均気温上昇とほとんど同じであり、琵琶湖の水温変化が地球温暖化傾向と同調していることを裏づけている。

高い気温上昇

このように地球温暖化が琵琶湖に与える影響を調べるうちに、興味深い現象に突き当たった。それは、地球全体の気温上昇（過去百年間で〇・六六℃上昇）より、日本の気温上昇が高いのだが（一・〇八℃上昇）、滋賀県の気温上昇はさらに日本平均より高いという点である（一・一七℃上昇）。

なぜ滋賀県の気温上昇率が高いのだろうか。このことを解明するために、滋賀県内八ヶ所のアメダス気温データ（一九七九年~二〇〇六年）を解析し、琵琶湖周辺の気温上昇率を求め、気温上昇マップを作成した（口絵4）。

これによると、琵琶湖の北東方向にあたる虎姫、南西の東近江（蒲生）、北西の今津で気温上昇が大きいことがわかる。この地域には人口や建物が密集していないので、ヒートアイランド現象によるものとは思われない。詳細に解析すると、今津や虎姫、東近江では夜間および冬季の気温低下が小さいことがわかった。つまり、その地域には気温が下がりにくい仕組みが存在するということである。統計的な解析によると、琵琶湖北湖からの距離と風向が気温に影響していることが明らかになった。琵琶湖が暖められることによって周辺の気温は下がりにくい傾向があり、このことが北風や北西風の風下にあたる虎姫や東近江の気候を緩和しているようである。

今後さらに温暖化が進行した場合、これらの地域は暑くなりすぎることも考えられるので、何らかの対応策を考慮すべきなのかもしれない。

7章　琵琶湖周辺の活断層と地震

琵琶湖周辺の断層

琵琶湖の周辺には、活断層が多い。文部科学省研究開発局地震・防災研究課に設置された地震調査研究推進本部が公開している近畿における分布図を見ると、滋賀から京都、大阪にかけて活断層が縦横に走っている（図7－1）。これは、琵琶湖の誕生とも密接なかかわりがあるようだ。

構造湖と言われるように、琵琶湖は東から押し寄せるフィリピン海プレートと、西から押し出すユーラシアプレートのはざまで、少しずつ沈みつつある。今から三〇〇万年から四〇〇万年前には、この一帯は山岳地帯だったと言われている。湖東流紋岩を主体とした火山帯だったのだ。そのせいか、琵琶湖の下は重力が異常に小さく、負の重力異常帯であると言われている。一説によると、深さ数キロメートルに及ぶ断崖もあるのだそうだ。

琵琶湖内の断層

琵琶湖の中の断層についてまとめた文献としては、一九九〇年に書かれた植村・太井子の論文がある。『地理学評論』に書かれたこの論文では、湖内に存在する断層を西岸湖底断層系、南岸湖底断層系、東岸湖底断層系の三つに分類している。ユニブームとエアーガンという測定機器を用いた診断で、現段階では質および量ともに最も信頼できるデータだと言える。

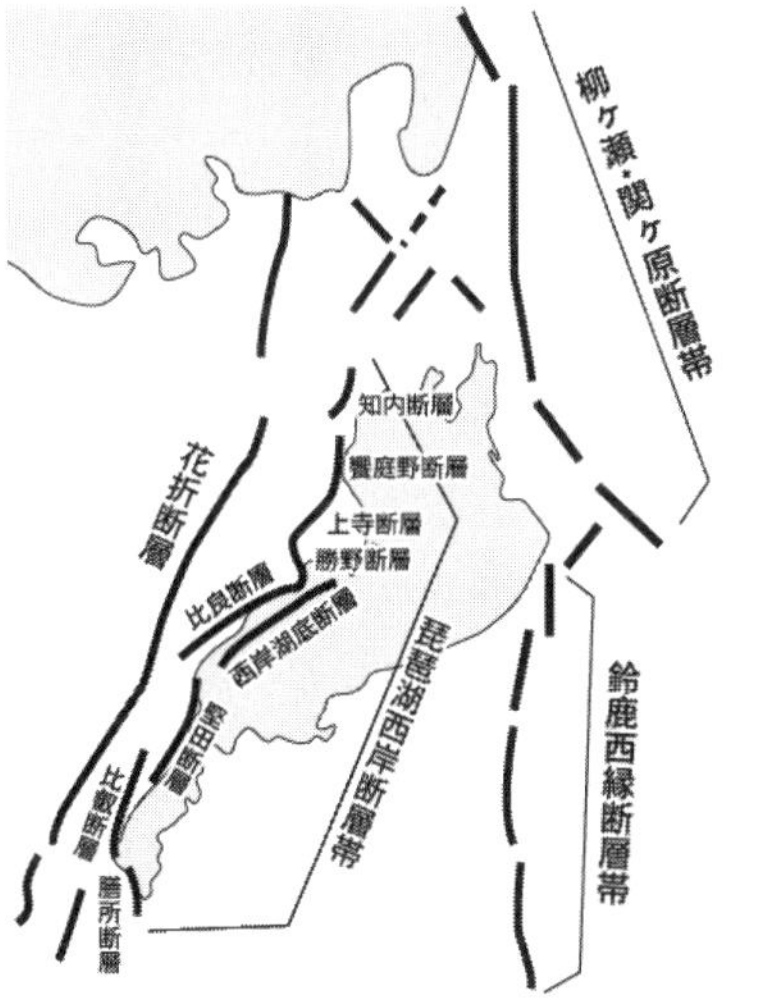

図7-1　琵琶湖周辺の活断層（文部科学省の資料を基に作成）

「淡探」で湖底を撮影

ネットで調べると、「活断層とは、最近まで活動しており、将来も活動する可能性のある断層である」と定義されている。「最近」というのは、過去数十万年以降を指すらしい。その意味では四〇万年の歴史を誇る現琵琶湖は十分にその資格がある。琵琶湖は東西からの圧力によって沈降しているので、周辺の断層は

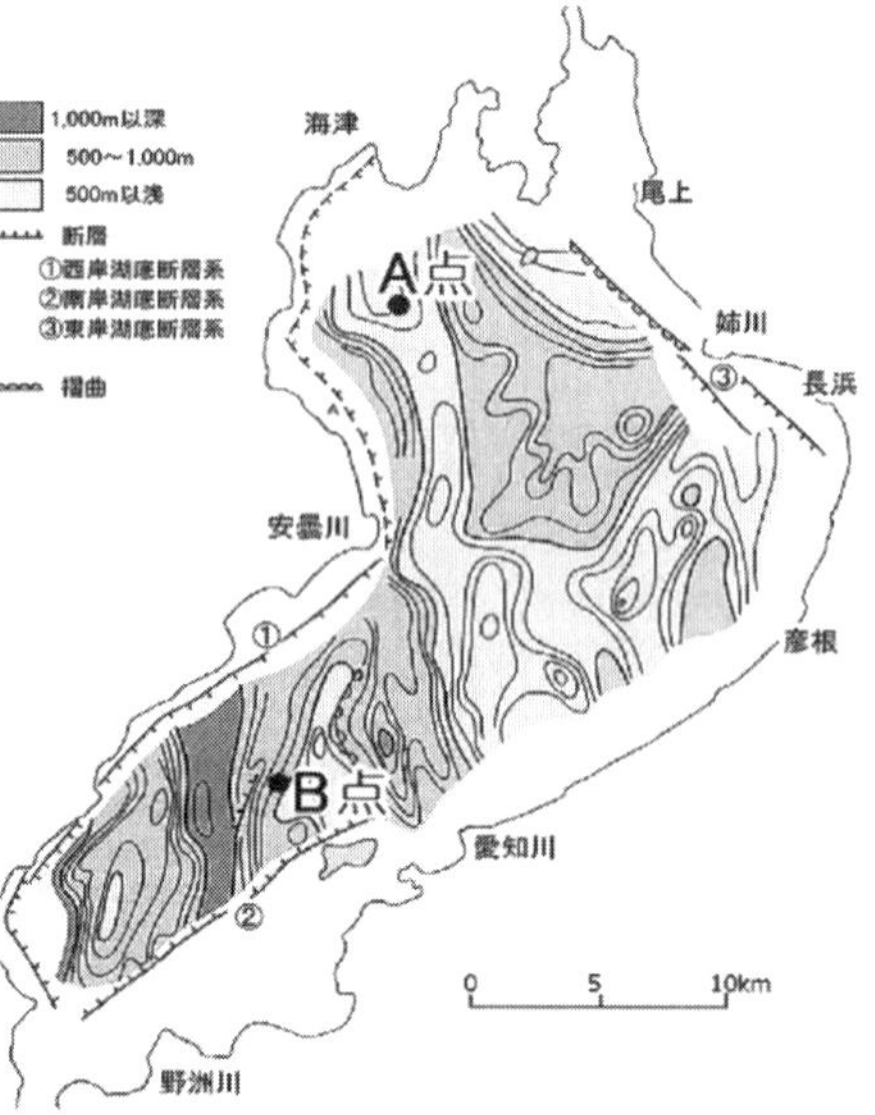

図7-2　琵琶湖内の活断層と、湖底写真を撮った位置A点とB点を示す

すべて逆断層という種類に分類される。

私たちが自律型潜水ロボット「淡探《たんたん》」（口絵5）を用いて撮影した湖底映像の中に、断層を示唆するものがあった。湖底の基盤図に示したA点とB点がその場所にあたる（図7－2）。

A点で撮影された映像は、奇妙な形をしている（口絵6）。まるで人が作ったようにきれいなブロック状に並んでいる。段の高さは二〇～三〇センチほどだろう。この階段状の断層は、二〇一〇年十二月十八日に撮影した。撮影場所の水深は八八・三一メートルで、水温八・一四℃、溶存酸素濃度一二・一mg／L、電気伝導度一三〇・六七μm／cm、pH七・一三であった。かつて山だった稜線上に位置しているのが興味深い。植村・太井子（1990）が示している断層系の場所とは異なっているので、最近になって形成されたものなのかもしれない。

深くなる水深

一九七六年に実施された国土地理院の湖底測量と、二〇〇一年に行った私たちの計測結果の両方が正しいとすると、琵琶湖の水深は過去二十五年間で三〇センチほど深くなっている。こうして比較すると、なんとなく整合性がありそうな話である。もちろん、さらなる精査が必要ではあるが、計測の結果は、近年になって琵琶湖の沈降速度が速くなっている傾向にある。

B点では、高さ数メートルにわたるきれいな断層面が見える（口絵7）。おそらく見ている手前がずり落ちたのだろう。これは、二〇〇八年十一月二十日に撮影されたものだ。水深は五七・〇八メートルで、水温七・八八℃、溶存酸素濃度四・三四mg／L、電気伝導度一三五・二㎲／㎝、pH七・〇六であった。この断層は、植村・太井子（1990）が言うところの、南岸湖底断層系に属するものと思われる。

気温変動と地震

琵琶湖付近で発生する地震は、気温変動と関係があるのではないかという研究がある。過去に起きた大きな地震の中で、一一八五年に発生した文治地震（M七・四）や一六六二年に起こった寛文地震（Ｍ七・六）などが例として挙げられている。ともに琵琶湖周辺で大きな被害が出たという記載がある。それ以外の大きな地震と気温についてはどこがよくわかっていない。琵琶湖周辺の気温に関する過去の精度の高いデータが入手できないからだ。

現在、琵琶湖は急速に収縮していることや、琵琶湖の沈降が相対的に速くなってきていること、そして湖底付近の濁りが高くなってきていることなどが、相互に何らかの関連を持っているのかもしれない。琵琶湖のように大きな湖の存在は、日本列島に開いた穴のようなものである。地質学上のホットスポットと呼んでもよいのかもしれない。

このような日本列島の形成と深く結びついた古くて大きな穴である琵琶湖を注意深く監視していくことは、環境の変化を追跡するだけでなく、社会の安心を保つ上で重要な意味を持っている。琵琶湖の総合的な監視体制を早急に構築すべきであると、私は思っている。

琵琶湖の重力異常

地球の重力は、万有引力と遠心力の合力として求められる。万有引力というのは、ニュートンが発見した質量をもつ物質がお互いに引きあう力である。一方、遠心力というのは、地球のように回転している物体上で外向きに働くみかけの力である。みかけの力というのは、地球の回転が止まるとなくなる力だからそう呼ばれている。

この二つの力のベクトルを足し合わせると、地球上の理論的な重力ベクトルが求まる。ところが、実際には、地球の密度は均一ではない。場所によっては密度が小さかったり大きかったりする。つまり理論で求めた重力と、実測した重力の間にずれが存在する。

この差がプラスの場合を正の重力異常、マイナスの場合を負の重力異常と呼んでいる。琵琶湖の周辺はマイナスの値が非常に大きく、日本列島の中で最も小さい部類に入る(口絵8)。この数値は、琵琶湖の水の密度を計算に入れても説明がつかないくらいの大きな数値である。

そこで、琵琶湖の湖底の下には密度が軽い物質があると思われている。

8章　森林の果たす役割　その1

日本は森の国

私たちが日本国内を旅行していると、見かける風景の多くは水田と森林であることに気がつく。人間が低地や湿地を開墾し、長い時間をかけて水田をこれほどまでに広げてきたことはよく知られている。そして山に森があることもまた、当たり前のこととして誰も疑わない。しかし一歩海外に出てみると、森林の無い国は意外と多いことに気づく。私が二〇一三年八月を調査で過ごしたモンゴルでは、北部地域を除くと大部分が草原で覆われていた（図8－1）。

こうした植生の違いは、降る雨の量の違いで説明される。

彦根市の年間降水量が一五七〇ミリ程度であるのに比べ、モンゴルの首都ウランバートルでは年間三〇〇ミリにも満たない。ゴビ砂漠に至っては年間一〇〇ミリもない。森林は成長するのに多くの水を必要とするため、降雨量の少ない国では森林が成立できないのだ。

図8-1　草原の国モンゴルの風景、ウランバートルから西方150キロ地点。周辺には樹林がまったく見られない。

日本列島は海に面しており、海からの湿った空気が陸地に流れ込んで多くの雨をもたらす。その雨が森林を育て、日本列島を北から南まで森林が覆うことになる。雨の豊富な日本は、森の国とも言える。

琵琶湖の集水域にある森

滋賀県の面積の六分の一を占める琵琶湖を除いた陸地面積のうち、森林は約六割を占め、あとの残りは耕作地や市街地などとなっている。ちなみに森林の面積はそれほど変化していないが、農地面積の減少は、一九七〇年から二〇〇〇年の三十年間に二割を越えている。

滋賀県は、冷温帯（落葉広葉樹林帯）と暖温帯（常緑広葉樹林帯）の境界域に位置している。

冷温帯の代表的な樹種は、冬に葉を落とす落葉樹であるブナで、暖温帯の代表種は、シイやカシ類と

図 8-2　森林の国日本の代表的な風景である愛荘町軽野神社の社寺林。シイが開花して樹林が白く見える。

いった常緑樹（照葉樹）である。しかし現在では、こうした樹種からなる自然林といわれる森林を、私たちの周辺においてほとんど見ることができない。都市や農村部では、わずかに残った社寺林などのお宮の森でその片鱗を見ることができる（図8－2）。その理由は、水田と同様に、森林もまた人間活動の影響を昔から受けてきたからである。

森林の移り変わり

第二次大戦以前は燃料や肥料の多くは森林から得ていた。そのため森林は定期的に伐採され、炭や薪を生産するコナラなどの薪炭林（雑木林）が営まれ、農地に近い低地の森林では、さらに肥料として下草や落ち葉などが採取され、結果として地力が低下したためアカマツ林となった。

終戦後は、燃料や肥料の原材料に石炭や石油が用いられるようになり、これらの雑木林の用途が減少し、それらの多くがスギやヒノキの人工林に転換されてきた。その結果、現在の森林タイプ別の割合は、自然林（三％）、雑木林（二八％）、マツ林（三六％）、人工林（三三％）となっている（図8－3）。

こうした森林は、河川を通じて琵琶湖とつながり、水の浄化や水量を調節する機能を持っていたが、十分な手入れがされなくなった現在、土壌中に栄養物質の蓄積が増加してきている。

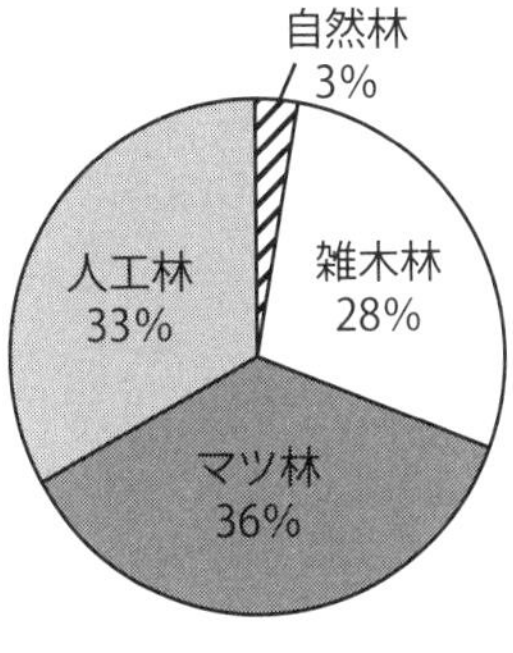

図8-3　滋賀県内の森林別占有率。自然林（3%)、雑木林 (28%)、マツ林 (36%)、人工林（33%)

ブナの原生林

滋賀県の山奥には、樹木の周囲長が数メートルを超えるブナの巨木が数多く自生している（図8－4）。過去に人間による攪乱を全く受けてこなかったこれらの地域には、山道もなく、古くからの自然の状態がそのままで保たれている。このようなブナの原生林には貴重な動植物も多く、また、豊かな保水能力もあることから、琵琶湖と一体となった保護が求められている。

図 8-4　貴重な自然林が残っている長浜市余呉のブナ林

地球環境における森林の役割

環境面から現在最も重要視されている森林の機能は、炭素の吸収源としての役割だろう。大気中に〇・〇四%程度しかない炭酸ガスの濃度増加が、地球の温暖化に関与しているとされている。一方、人間活動や動物・微生物による炭酸ガスの大気への還元が無ければ、地球の全陸上植物（その主体は森林）によって、十四年から十五年程度で大気中の炭酸ガスは使い尽くされるとの試算もある。

すなわち大気中の炭酸ガス濃度は、排出と吸収の微妙なバランスの上で決まっていると言える。さらに有機化合物として生物界に蓄えられている炭素量(その大部分が森林である)は、大気中に存在する炭素量に匹敵すると言われている。

日本の自然林は一ヘクタール（一〇〇メートル四方）あたり、三〇〇トンから四〇〇トン程度の生物量（乾燥重量）を持つが、その約五割が炭素である。さらに森林土壌中には落ち葉などの有機炭素が、生きている森林の三倍近くも蓄積されていると推定されている。そのため、森林が焼き払われたりすると、森林の地上部だけでなく、地下部に存在する大量の炭素が大気中に回帰することになる。

したがって、大気中の二酸化炭酸濃度を増加させないためには、森林面積を減らすわけにはいかないのである。

9章　森林の果たす役割　その2

水源涵養機能

森林が発達すると土壌構造も変化して空隙を多く持つようになり、降雨時には水分を十分に蓄えることができるようになる。このことから、森林は、土壌も含めた森林生態系として多くの水を貯留する役割、すなわち「水源涵養機能」があると言われる。

この機能については、一部誤解されているところがあるのかもしれない。流域が森林で覆われている場合と、そうでない場合を比べると、下流に供給される水量が多いのは、森林が無い場合である。それは森林が水を消費するからだ。

しかし流域に量水堰（小型のダム）を作り流出水量を測定すると、森林によって覆われている状態では、降雨時の一次的に急増する流出量が抑えられ、晴天時でも一定量の水の流出が観測される。したがって森林がある場合には下流域に供給する水の総量は減るけれども、森林が洪水を抑制し人間にとって使いやすい形の水を安定的に供給するという重要な役割を担っていると言える。つまり、水源涵養機能というのは、水を森林に貯留し安定的に流出させる機能であると言える。

栄養分の蓄積機能

森林は「自己施肥系」だと言われる。それは森林が日々成長する中で葉を落とし、それが分解されて肥料となるからである。樹木一代のみならず、何世代も森林が生育していくと土壌は次第に豊かになり、リンや窒素といった多くの栄養分が森林土壌の表層部に蓄積されていく。これを自己施肥系と呼んでいる。

第二次大戦が終わるまでの時代には、薪炭林利用や下草・落葉の採取などが極度までに行われたために、はげ山が多くの地域で見られた。明治政府に招かれて来日し、砂防工事の指導を行ったオランダ人技師ヨハネス・デ・レイケは、はげ山から流亡する土砂で大阪湾が浅くなっていることを防ぐため、滋賀県にある田上山地などで植林や堰堤建設を進めたと言われている。

しかし戦後、森林は木材生産以外には利用されなくなり、有機物そして窒素やリンが未使用のまま蓄積し、山全体が肥満状態となっている。

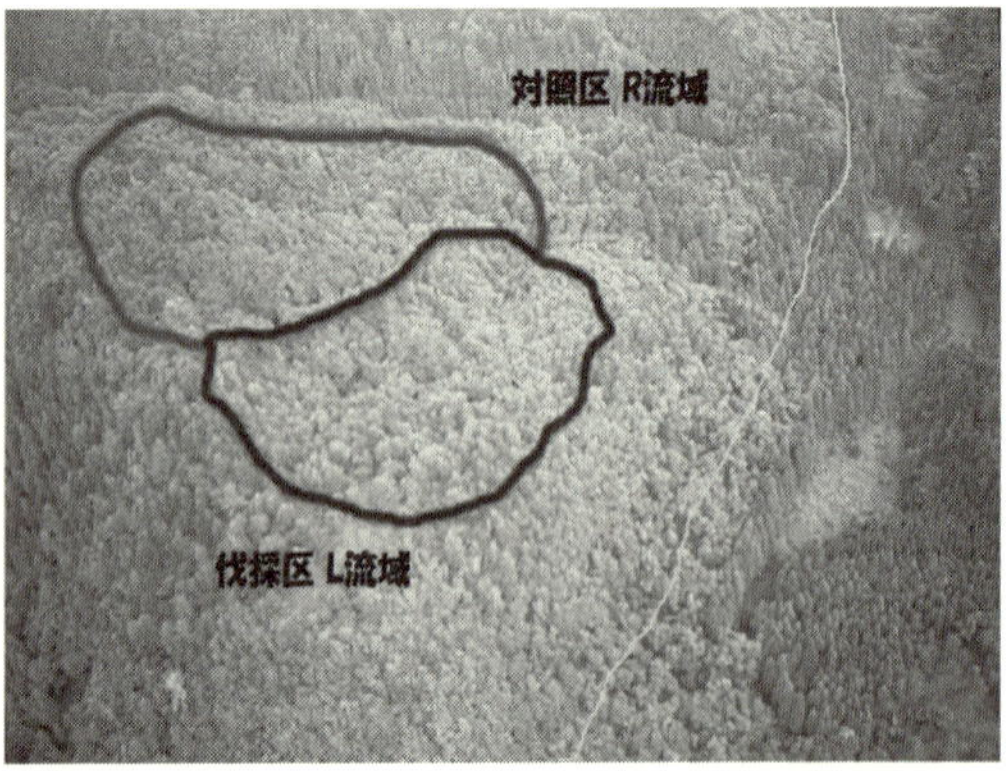

図9-1　伐採前の実験流域（1996年7月撮影）。尾根部にはアカマツが見られるが、大部分はコナラやクリの常葉樹が占めている。

森林伐採実験

私がかつて勤務した滋賀県琵琶湖研究所（現琵琶湖環境科学研究センター）では、一九九四年度から五年間かけて「森林伐採が環境に及ぼす影響」調査を実施した。

この調査では、滋賀県朽木村麻生（現高島市）の薪炭林に、伐採を行うL流域（一・一ヘクタール）と、手を加えないR流域（一・九ヘクタール）の隣り合う二つの実験流域を設定した（図9－1）。研究期間半ばの一九九六年の冬に、L流域にあるすべての樹木を伐採し、渓流水質の濃度変化などを調べた（図9－2）。滋賀県立大学の國松孝男（当時）や籠谷泰行を始め、外部の多くの方々との共同研究であった。

二流域の合流点にはそれぞれ小さな堰を設けて週一回の採水を行い、琵琶湖の富栄養化の原因物質である窒素やリンなどの濃度測定を行った。

図9-2　伐採後のL流域（2001年8月撮影）。伐採した木材は棚積みにして残し1998年3月までにスギの植林を終えた。

その結果、伐採を行ったL流域から流出した水は、一九九六年の伐採直後には土壌の攪乱などから粒子態の窒素やリンの一時的な増加が認められた。また、水に溶けた形態で存在する硝酸態窒素（NO_3-N）の流出が、半年後の一九九七年の夏頃から増加するという現象も捉えられた。伐採後二年目には、硝酸態窒素濃度が一リットル中〇・三二ミリグラムと伐採前の一〇倍以上に増加し、その後、増加した濃度はなかなか元に戻らず、二〇〇四年頃まで六年間続いた。

このことは、大規模な伐採を行うと、土壌における栄養塩の貯留効果がなくなることを意味している。

動物による被害

さらに、近年になっておかしな現象が見られるようになってきた。それは、伐採しなかったR流域から流出する水中の全窒素濃度の増加である（図9－3）。

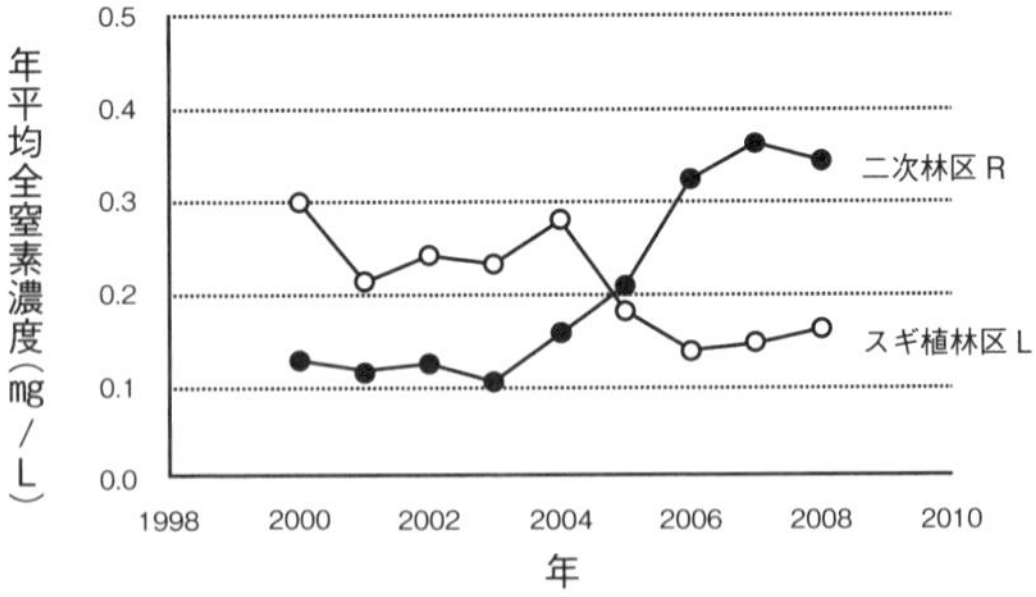

図 9-3　全窒素濃度の入れ替わり（國松・須戸 1997）

1996 年度にすべての樹木を伐採したＬ流域では、翌年の夏前から硝酸態窒素濃度が増加を始め、全窒素の大部分を硝酸低窒素が占めるようになった。

伐採流域は 1998 年春には植林を終え、現在ではスギ林と呼べるまでに育っている。このＬ流域の全窒素は、2005 年ごろから伐採前のレベルにまで低下してきている。

一方、伐採せず二次林の状態でで保存してきたＲ流域（対象区）は、2004 年になって全窒素の濃度が増加を始め、その後ＬとＲの流出水で全窒素濃度の入れ替わりが続いている。樹木の病気や野生生物による食害が原因ではないかと考えられている。

この原因は明らかになったとはいえないが、コナラが主体をなすＲ流域で二〇〇四年頃からカシノナガキクイムシによってナラ菌が媒介され、ナラ枯れ現象が起こるとともに、増加したシカによる食害が顕著になってきた。

増加した全窒素濃度の内訳はＬ流域と類似しており、二〇〇五年以降は五割以上を硝酸態窒素が占めた。森林伐採による硝酸態窒素の増加は、伐採による地温上昇や植物による窒素の吸収低下などが関係していると考えられるが、ナラ枯れやシカによる食害も同様の効果を及ぼす可能性が高い。

琵琶湖の富栄養化を進行させないためには、森林伐採の進め方や管理手法の検討と併せて、病虫害や野生動物の管理対策に一層配慮する必要がありそうだ。

誰が森林を守るのか

こうした森林で起こっていることは、一般にはほとんど知られていない。これまでこのような森林の研究を続けてこられたのは、朝日新聞社が、かつて社会貢献の一環として一四八ヘクタールの山林を「朽木・朝日の森」として保全し、森林環境の調査研究や野外活動の場として一般市民に開放したからであった。

その後、この森林は、朽木村および市町村合併後の高島市によって「朽木の森」として受け継がれてきた。

また朽木には「県立朽木ふるさといきものふれあいの里センター」があり、森林機能の普及啓発の場として毎年四〇〇〇～五〇〇〇人のリピータを受け入れ、年間一万三〇〇〇人もの人々が施設を利用してきた。現地に足を運び現場を体感して、はじめて森林の良さやもろさ、そしてさまざまな問題点が理解できるようになる。

ところが、財政事情の悪化に伴い、県や市の行政機関は、これらの施設をいずれも手放すこととなった。こうした行政における森林施策の弱体化は、自然環境をあっという間に崩壊させ始めている。

今後、誰が森林を守ればよいのだろうか。

古木の伐採

琵琶湖の西に位置する高島市朽木では、二〇〇八年の秋頃からトチノキが突然買い付けされ始め、二〇一二年までには六〇本ものトチノキが伐採されヘリコプターによって搬出された。これらの多くは、樹齢が三〇〇年以上の巨木であった。経済発展が著しい中国などで、古木の需要があるのだという。

なぜこのような古い樹木がこれまで選択的に残ってきたのだろうか。長年、朽木において森林の保全活動を行っている青木繁は次のように指摘している。

「安曇川源流に広がる樹齢数百年を経たトチノキの巨木林は、かけがえのない価値と大きな存在感を持ち続けながら、現在まで生育しつづけてきた。常食であり、また、ある時は非常食としても利用され続けてきたトチの実をつけるトチノキも、時代が豊かになるとともに人々の関心から離れ、忘れられてしまった。そんな中、トチノキの大規模な伐採は起こった」

早速、地元住民や森林所有者、研究者、行政者によって森林地域の保全が開始され、「巨木と水源の郷をまもる会」や日本熊森協会などの諸団体が連携して、売却されたが、まだ伐採されていなかったトチノキの買戻しを行った。

ところが、二〇一四年には、琵琶湖の東北部に位置する長浜市木之本において、あらたにトチノキの伐採計画が起こった。行政の調査が及ばず、盲点となっていた場所だった。このことは、森林にしても琵琶湖にしても、常に関心をもって接しなければ、急激に環境が破壊されることを如実に示している。

こうした反省から、認定特定非営利活動法人「びわ湖トラスト」は、親子を招待して湖上学習会やトチノキ観察会などを毎年行っている。こうした市民レベルでの地道な取り組みが、環境保全に関する世代間の対話を促進し、未来において豊かな社会基盤を創生することを忘れてはならない。

10章　水鳥の越冬地・琵琶湖

琵琶湖に水鳥が

冬になると琵琶湖には一四万羽ものカモ類を始めとする水鳥がやってくる（琵琶湖ハンドブック改訂版2014）。これほど多くの水鳥が飛来するようになったのは、越冬するのに適した環境を琵琶湖が提供しているだけではない。一九七一（昭和四六）年に、琵琶湖全域が鳥獣保護区に設定され、さらに一九九三年には「ラムサール条約」の登録湿地に指定されるなど、水鳥の保護が積極的に図られていることも大きく関係している。

越冬水鳥の代表ともいえるコハクチョウが琵琶湖で最初に確認されたのは一九七一年の一羽で、一九七二年には五羽になった。滋賀県にやって来る水鳥の約八割の羽数が数えられるという湖北野鳥センターのホームページによると、一九八〇年代には二〇〇羽程度の水鳥の飛来があったが、最近ではその三倍の六〇〇羽程度にまで増加している。明らかに保護区設定の効果と考えられる。

カモ類は、食する餌によって底生生物食（貝類など）、植物食、魚食の三グループに分けられる。ヒドリガモ、オカヨシガモ、ヨシガモなどの植物食のグループは、コハクチョウとともにトチカガミ科やヒルムシロ科の沈水植物を主に食べていると考えられており、飛来数に増加傾向が見られる。

湖面水位と飛来数

私が琵琶湖の水草を調べ始めた一九八〇年代後半、漁船で湖北町（現長浜市）付近の湖岸を走ると、カモが飛び立ったあとにネジレモなどの水草が湖面に浮かび上がるのをよく見かけた。ネジレモは、夏に切れて流れ藻となるコカナダモとは異なり、一斉に流れ出ることはない。しかもまだ若々しい元気そうな水草の断片であったので、カモに食べられた残骸なのかと考えていた。

ネジレモは、トチカガミ科セキショウモ属の水草で、琵琶湖・淀川水系の固有種であり保護されなければならないが、琵琶湖の富栄養化に伴って減少の一途をたどっていた。それがさらに水鳥に食べられているとなると、何らかの保護対策を講ずる必要があると考え、水鳥と水草との関係について調査をはじめた。

湖北町延勝寺の沖合の浅瀬に自生するネジレモの群落を調査対象とし、水鳥の飛来前に、

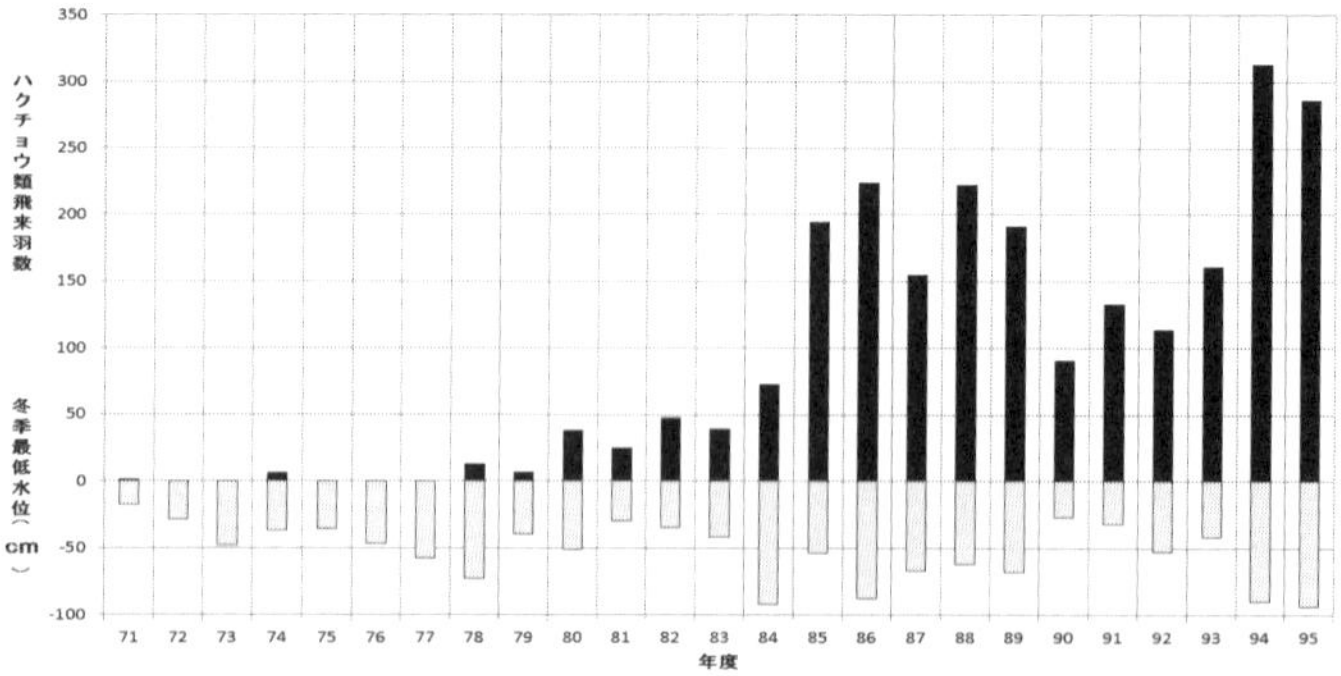

図 10-1 ハクチョウ類の数と、その冬の最低湖面水位

食害を避けるためのネットを張った区と何もしない区を設け、十月末から十一月末の約一カ月間における水草の減少量を比較した。その結果、ネットで保護しない区では水草が大きく減少することがわかった。

当時、新旭町（現高島市）にある水鳥観察センターでは、安曇川の沖合で採餌しているコハクチョウの羽数が毎日数えられていた。コハクチョウの日羽数と日湖面水位との関係を調べると、水位が低下すると湖面で採餌しているコハクチョウの数が明らかに増加することがわかった。

さらに一九八四年度（一九八四年～一九八五年）の冬に、湖面水位がマイナス八五センチと極端に低下すると、翌年から琵琶湖に飛来するコハクチョウが増加し、また冬場の湖面水位がそれほど低下しなかった一九九〇年には飛来数が激減することもわかった（図10－1）。

図 10-2 カルガモ嗜好実験

地下茎を好んで餌に

一方、秋に渡ってきた水鳥が、すでに枯れ始めている水草を本当に好んで食べるのかという疑問が常に頭の隅にあった。そのころ琵琶湖南湖で操業している漁師さんから、偶然網に掛かって死んだ一羽のカモを分けてもらい、その胃の内容物を調べる機会があった。それに含まれていたものは、多数のクロモの殖芽（栄養分を蓄えた休眠芽）のみであった。つまり、そのカモは殖芽を選択的に採餌していることがわかった。

その後、私は滋賀県立大学に移った。当時、最初に担当した卒論生の藪内喜人が水草と水鳥との関係について研究し、多くの実験をしてくれた。その一つが、許可を得て捕獲したカルガモを用いての餌の嗜好実験である（図10―2）。

左のトレイにはクロモの茎や葉を、右のトレイには同じクロモのイモ（塊茎）を入れて置くと、茎や葉には見向きもせず、ひたすら地下部のイモを食べることがわかった。殖芽も塊茎もでんぷんを多く蓄えているのでそれをねらって採餌し、イモを持たない植物の場合は地下茎を食べる。植物食の水鳥にとって、湖の水位が下がり地下茎に到達できることが重要な意味を持つと考えられた。

ただ春にネジレモ群落の回復調査を行ったところ、食害の有無と春の群落回復状況とには大きな差が見られず、水鳥の採餌によるネジレモ群落の減少については杞憂に終わった。植物食である水鳥は、餌である水草を壊滅させるような食べ方はしないのだろう。

かつての水位変動に

一九九〇年の冬は琵琶湖の水位がほとんど下がらず、飛来した水鳥は餌を十分に採れなかったようだ。コハクチョウが稲刈りの終わった水田に上がり、刈り取り後に出る二番穂を採餌する姿が初めて確認されたのは、同年十二月のびわ町（現長浜市びわ町）であった。コハクチョウが琵琶湖南湖へ移動するようになったのもこの年が最初であった。

現在、琵琶湖の水位は南郷洗堰（大津市）によって人為的に操作され、夏は低く（マイナス三〇センチ）、冬には高く（プラス三〇センチ）を目標としている。それは琵琶湖の自然な水位変動と全く逆転している。湖岸生態系の保全を考えるなら、かつての水位変動に戻すことが望まれる。最近は、琵琶湖の生態系に配慮した水位調節が試行されているようなので、好ましいことだと思われる。

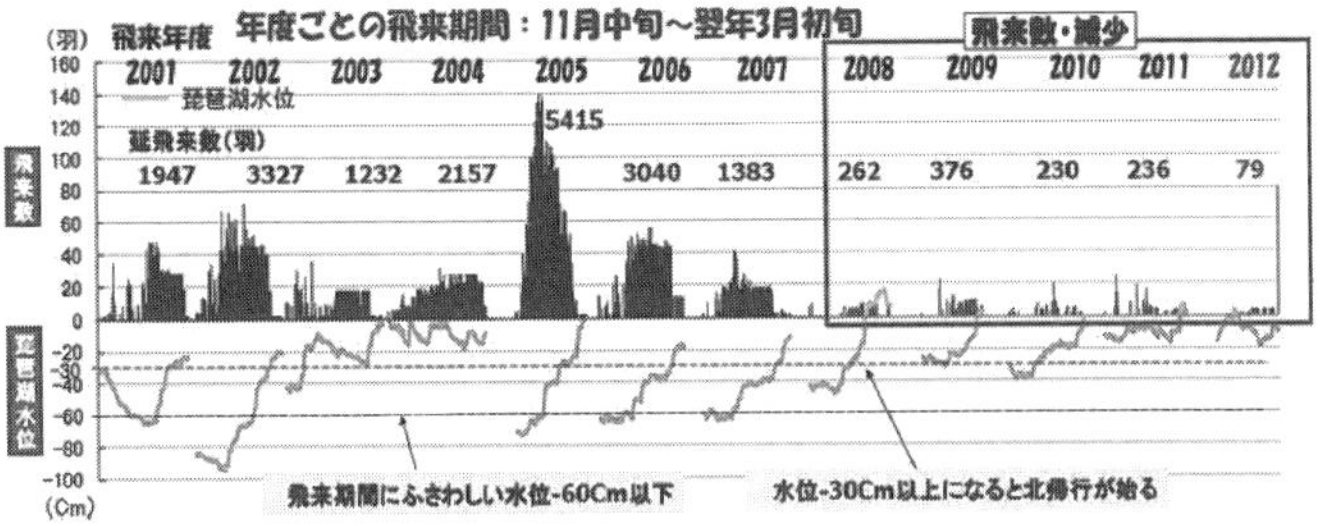

図10-3　琵琶湖南湖におけるコハクチョウの飛来数と南湖の水位

コハクチョウの飛来と南湖の水位

「草津湖岸コハクチョウを愛する会」が長年にわたって調べた結果によると、南湖に飛来するコハクチョウの羽数は、湖面水位が低下しない時には明らかに減少することが確認された(図10—3)。

マイナス六〇センチ以下が、コハクチョウの飛来には好ましいと考えられ、水位が低下しなくなった二〇〇八年以降は飛来数の減少傾向が著しい。

南湖の周辺には水田はあるが市街地も多く、コハクチョウにとっては二番穂を安心して採餌できる環境ではなく、水草の地下部の採餌に依存している可能性が高い。

11章　琵琶湖の沿岸帯　その役割

沿岸帯の減少

湖沼は半閉鎖的な水塊であり沿岸帯と沖帯《ちゅうたい》とに大きく分けられる。植物学的には、沿岸帯は湖沼の岸に沿った大型植物が生育している水深の浅い地域を指す。波打ち際から沖に向かってヨシやガマなどの抽水植物、浮遊植物、沈水植物まで帯状に分布している程度の深さまでとされ、それよりも深い沖の部分を沖帯と呼んでいる（さらに、湖沼の深い底の独立した生態系を、深底帯《しんていたい》と分けて区分することもある）。

琵琶湖は、琵琶湖大橋を境に南湖と北湖に分けられるが、それぞれ平均水深が三・五メートルと四四メートルと湖盆の形に大きな違いのあることがわかる。南湖は浅く、現在はほぼ全域が沈水植物によって覆われており、先の定義からすると、すべてが沿岸帯に属することになる。

陸側から琵琶湖の沿岸帯を見てみる場合、どこから沿岸帯が始まると考えればよいのだろうか。この問いに対する答えの一つとして、いつも引き合いに出されるのが一八九六（明治二九）年の大洪水の浸水域である。この時に浸水した部分までが陸側の沿岸帯と考えてよいのだろう。

琵琶湖の沿岸帯の陸側は、第二次大戦後、特に減少した。一つは戦後の食料増産に伴う内湖などの埋め立てであり、もう一つは一九九〇年代当初に南湖東岸にできた湖岸堤（一九九二年供用開始）のような堤防建設（利用者にとっては湖岸道路としての認識のほうが一般的だが）による湿地帯の消失である。

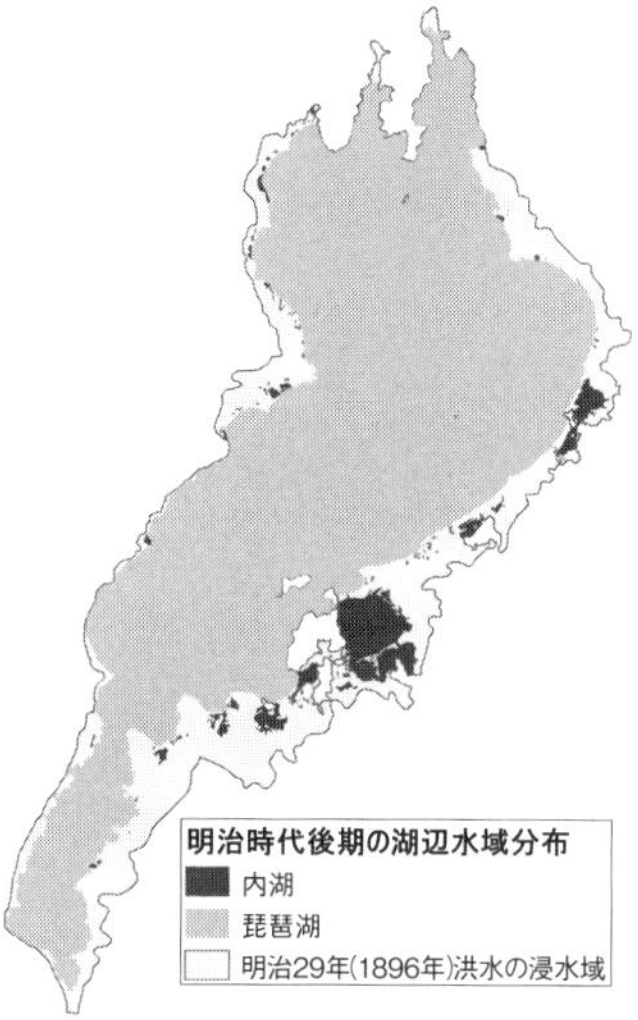

図11-1 陸側から見た琵琶湖の沿岸帯（琵琶湖岸の環境変遷カルテ 2011）

内湖の面積を一八九〇年代と一九九〇年代とを比較すると、三五・二平方キロメートルから五・三平方キロメートルへと減少し、また琵琶湖に占める内湖の割合は五・一％から〇・八％へと激減している。

琵琶湖岸の原風景

沿岸帯の陸域にはヨシなどの抽水

植物が生育する低湿地が広がっている。その代表は琵琶湖で現存する最大の内湖である西の湖（二二二ヘクタール、近江八幡市）のヨシ帯である。

ヨシ帯は琵琶湖湖岸の原風景であり、また多様な生物の生息場所や水質浄化機能などの面からも評価されている。滋賀県は、こうした地域を守るために、全国に先駆けて「ヨシ群落保全条例」（一九九二年）を施行した。この条例は、ヨシのみを保全するのではなく、群落を構成しているマコモやオギ、ガマさらには多くの種類のヤナギ類なども含む群落としての保全を目的としている。

ヨシ帯の水質浄化

ヨシには水質浄化機能があると言われ、ヨシが窒素やリンなどの養分を水から吸収すると思われがちだが、正確には群落全体が生態系としての浄化機能を持っていると理解すべきだろう。

抽水植物群落に上流域から水が流れてくると流速が遅くなり、土壌粒子などの水に溶けない物質、いわゆる懸濁物質が沈降し群落の底に溜まる。それらは次第に深い部分に埋設され、水中の栄養塩の循環から隔離されてしまう。

また水に溶けた養分は、ヨシの茎などに付着した藻類をはじめとする付着微生物に取り込まれ、それらがヒメタニシなどに摂食され、さらに大型の生物に食べられるといった複雑な食物連鎖を経て、水中の栄養塩濃度が低下していく。

このようにして有機体の形となった窒素は、バクテリアによって分解され、窒素ガスとなって大気中へ放出される。これらの働きの結果、ヨシ帯として水質浄化機能があると考えられている。

さらに、ヨシ帯は多様な生物に生活の場を提供するという意味でも重要な存在なのだ。

望ましい沿岸帯とは

内湖などのヨシ群落には、ヤナギトラノオ、クサレダマ、カキツバタなど多くの貴重な植物が残っている。これらがなぜ今日まで生き残ることができたのかは明らかではないが、少なくとも水田や畑地よりも管理が粗放であり、また水位変動による撹乱があるためにヨシ群落から森林への遷移が進まなかったことなどが原因と考えられる。

先に述べたように、琵琶湖総合開発によって琵琶湖は陸と湖とが堤防によって分断されてしまった。それによって在来の魚類や水生植物の移動が制限され、個体数が減少し、逆に安定した環境を好む外来植物（ナガエツルノゲイトウ、ミズヒマワリ、オオバナミズキンバイなど）が急増することとなった。確かに湖岸堤によって周辺の農地が水害を被らずに済むようになったが、一方で沿岸帯の生物多様性が劣化してしまったのである。

かつては内湖面積が琵琶湖面積の五％程度あり、当時は沿岸部にかなりの低湿地や湿田があったことを考えると、水位上昇時には一〇％程度は氾濫原となったのではないかと思われる。この値は、今後、琵琶湖の沿岸帯を取り戻す際の目標になるのだろう。そうした場合、たとえ浸水があったとしても被害が少なくて済む作物（たとえば中国ではマコモやトウビシなどを栽培）や、低湿地でしかできない琵琶湖岸特有の作物を湖岸付近の耕地に栽培すべきではないだろうか。

モンゴルでのヨシ掘り取り作業

二〇一一年、私の研究室に体力に自信がある学生の谷川優がやってきた。卒論のテーマとして、今までデータが十分にないヨシの地下茎の現存量を測ってみないかと持ちかけたら、一も二もなく「やってみたい」と言ってくれた。

滋賀県内でも何地点かで掘り取りをしてもらったが、それ以外にモンゴルでのヨシの地下茎についても調べてもらった。ヨシは全世界に分布する種であるが、モンゴルの砂丘地には非常に背丈の低い（数十センチ）ヨシ群落が見られ、その地下部を調べてもらった（図11―2、図11―3）。すると地表から一〇〇〜一一〇センチの深さまで茎（稈《かん》と呼ぶ）が垂直に伸び、さらにその下になって砂が湿り気をもってくるとようやく横走する地下茎が現れた。ヨシは水深一メートルほどまでは生育できると言われているが、この結果からすると、水であれ砂であれ、地下茎から一メートルは茎を伸ばせることがわかった。

図11-2　背の低いヨシ群落が広がる砂丘地（モンゴル西部ホブド県のダライヌール湖岸、2010年8月28日撮影）

図11-3　同湖岸でのヨシの地下茎の掘り取り調査風景（田中勲2011年8月撮影）

ヨシ群落の造成には、ヨシをヤシマットなどに植え付け、それを琵琶湖岸の砂の上に貼り付けるといった工法が琵琶湖岸で行われているが、活着率が良くないようだ。まだ確かめなければならない点はいくつかあるが、地下深くに植え付けることも一つの方法として考慮に値すると思っている。

12章　琵琶湖の固有魚と水産業

古代湖と生物多様性

琵琶湖が世界に誇れるのは、湖の大きさではなく、その歴史の古さと生き物の多様さである。

一般的に言って、湖は河川から流入する土砂や湖内で生産された有機物が堆積することによって次第に浅くなり、やがて消滅する。その寿命は、数千年から数万年と言われている。私たちの生涯において「湖の死」を見届けられる機会は滅多にないが、何億年という地球の歴史からみれば湖の一生もとても儚《はかな》い。このように短命な湖沼の中にあって、四二〇万年という琵琶湖の寿命は群を抜いて長い。

世界第三位と言われる長寿の秘訣は、4章でも述べたように、琵琶湖が構造湖という断層活動によって成立したことにある。琵琶湖にも土砂や生物遺骸は降り積もるが、その一方で湖底自体も絶えず沈降し続けている。そのため、琵琶湖盆には滾々不盡《こんこんふじん》と水が湛えられているのである。

湖の歴史の古さと生き物の多様さの間には、密接な関係がある。たとえば、最も歴史の古いロシアのバイカル湖や世界第二位の歴史をもつ東アフリカのタンガニーカ湖には、数百から数千種の生物が生息する。それらの多くが、長い歳月をかけて湖内で独自の進化を遂げた固有種である。生物の多様さは、悠久の湖が育んだ歴史の産物とも言えよう。

さて、琵琶湖の話に戻ろう。最新の報告によると、琵琶湖に生息する水生生物の種数は一七六九種。この内、六一種が固有種であると言われている。これらの固有種の多くは、約四〇万年前に出現した現琵琶湖の沖合表層や深水環境に適応することによって進化したと考えられる。

たとえば、浅瀬で底生動物を食べて暮らすギンブナやタモロコの祖先が沖合に進出することによって、プランクトンを食べるニゴロブナやホンモロコに種分化した（図12―1）。ちょうどアジやイワシが海洋を回遊するように、彼らのスレンダーな体つきは、群れを成して広大な湖の沖合を遊泳するのに適している。

湖魚食文化と水産業の衰退

琵琶湖の固有魚は、水産有用種として重宝されている。いや、「重宝されていた」と言ったほうが正確かもしれない。固有魚の多くは、水の澄んだ沖合で暮らすため、淡水魚にありがちな泥臭さがなく上品な味わいが特徴だ（図12―2）。

古来、滋賀県は「近江」と呼ばれた。その語源は「近淡海《ちかつあはうみ》の国」、すなわち、かつて都のあった奈良や京都の近くに淡水の海があったことに由来する。海のない近江の国で、湖の幸は貴重なタンパク源であった。固有魚の習性を巧みに利用した伝統漁法が発達し（図12―3）、それらを加工して食する湖魚食文化が育まれてきた。

ところが、近年、さまざまな人間活動の影響で琵琶湖の環境は悪化し、生物多様性は減少傾向にある。他方、流通経済の発達と食生活のグローバル化に伴って、琵琶湖の魚を食べる習慣も失われようとしている。就業者の高齢化が進む琵琶湖の水産業は、漁獲量が激減し危機に面している。琵琶湖の生物多様性の維持と水産業の未来にとって何が必要なのだろうか。

コアユとオオアユ

琵琶湖の水産業において最も重要な魚種は、アユである。琵琶湖のアユは、固有種でないもののその生態はユニークである。一般に、アユは河川で生まれてまもなく川を降り、海中で幼魚期を過ごす。春から初夏にかけて、河川を遡上し、川苔を食みながら成長・成熟する。晩夏から晩秋にかけて河川で産卵を終えた個体は、その生涯を閉じる。いわゆる、年魚である。

琵琶湖のアユが他水系の集団と大きく異なるのは、海に降りない点にある。幼魚期を琵琶

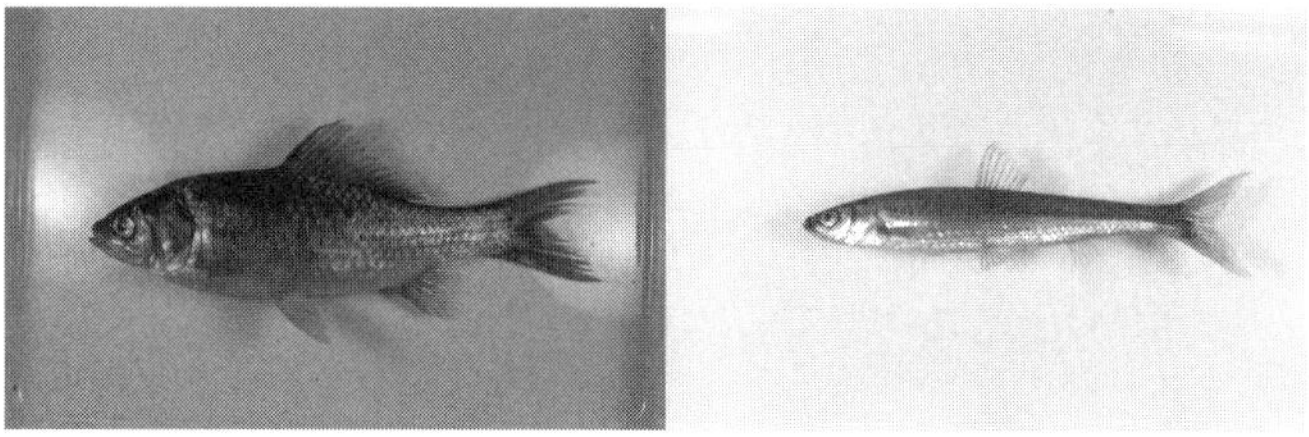

図 12-1 琵琶湖の固有魚ニゴロブナ（左）とホンモロコ（右）

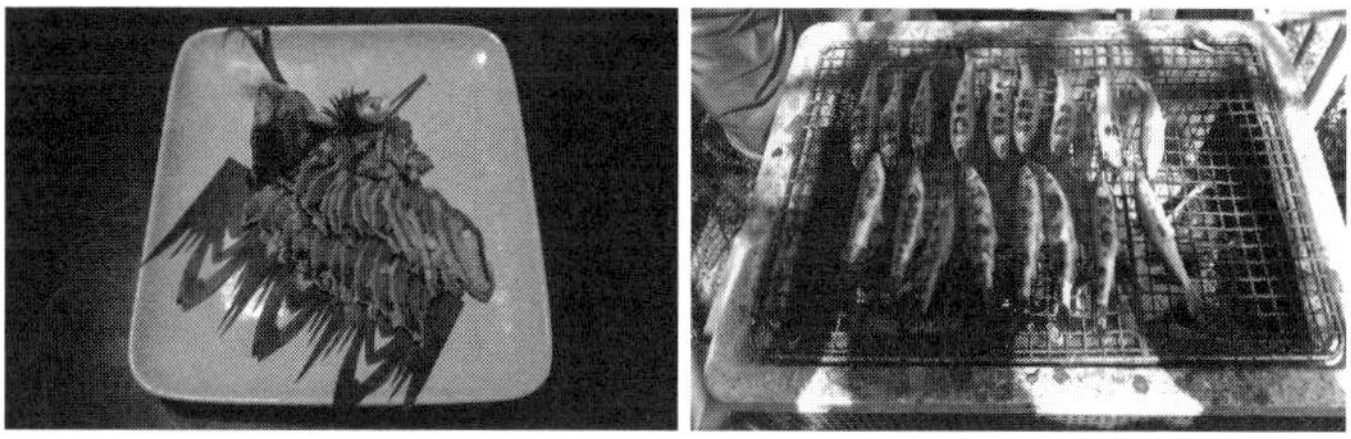

図 12-2 ニゴロブナを食材としたフナ寿司（左）とホンモロコの素焼き（右）。いずれも春の産卵シーズンに接岸した子持ち魚を漁獲する。

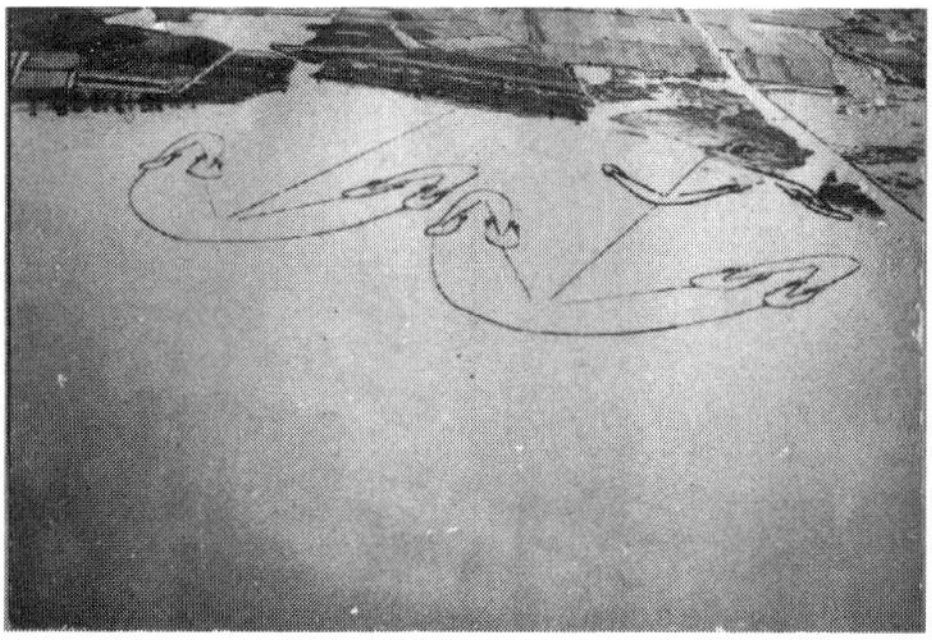

図 12-3 琵琶湖の伝統漁法の一つのエリ漁（京都大学生態学研究センター）。湖岸を回遊する魚の習性を利用して、矢じり型の網の中に魚を導く。

湖の沖合で過ごしたアユは、二つの生態型のどちらかに移行する（図12－4）。一つは、河川を遡上してなわばりを張り、川苔を食べる河川型である。河川で孵化した仔魚は、川を

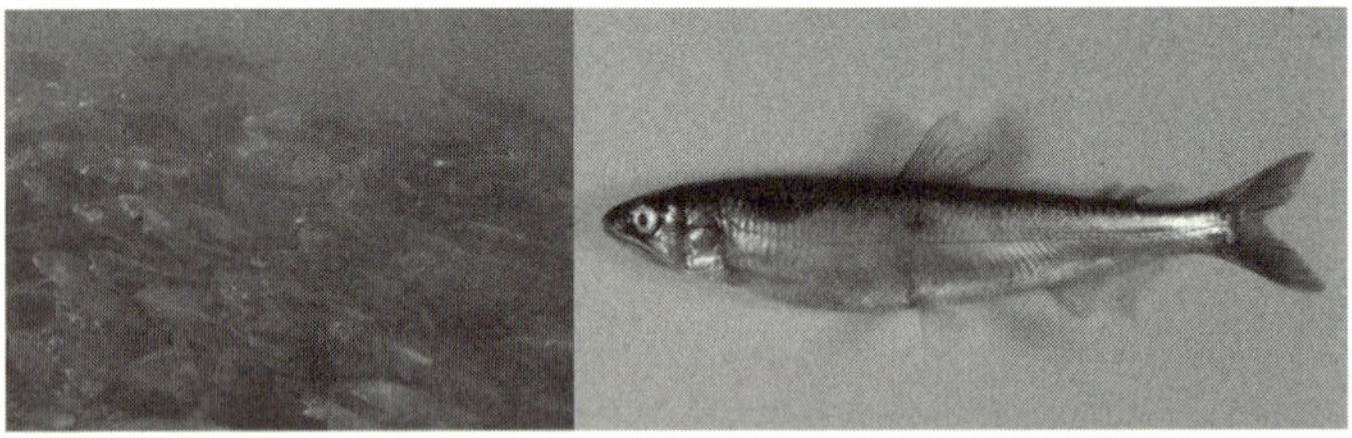

図 12-4 琵琶湖アユの河川型であるオオアユ（左）と湖沼型であるコアユ（右）

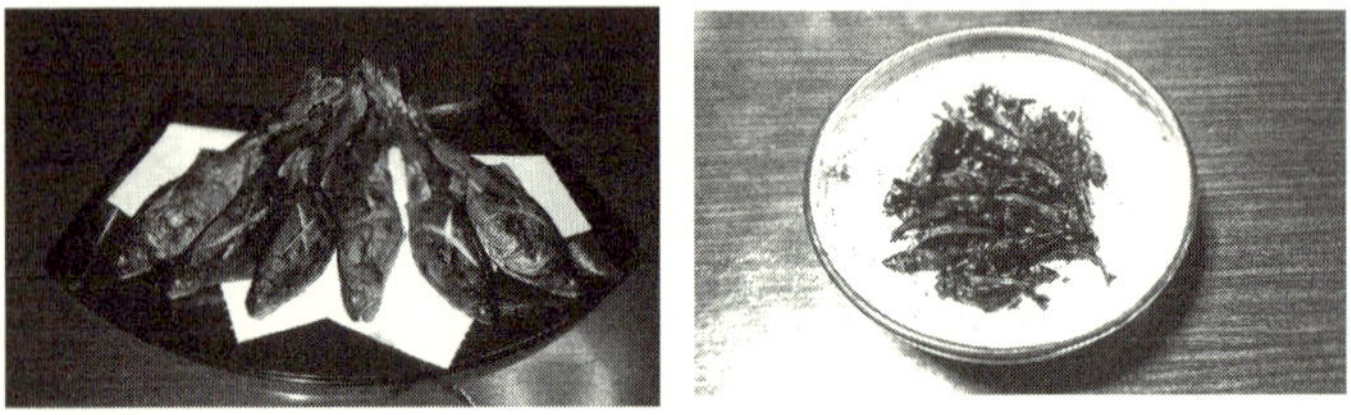

図 12-5 オオアユの塩焼き（左）とコアユの釘煮（右）

降って湖に留まり、成長後に再び河川を遡る。つまり、通常、海中で過ごす稚魚期を湖で過ごすというわけだ。

もう一方は、沖合で生涯群泳しながらプランクトンを食べる湖沼型である。後者は、体が小さいまま湖内で成熟することから「コアユ」と呼ばれ、河川に生息する通常の「オオアユ」と区別されている。両者は棲む場所が違えば、食性も違う。そのため、両者の食味も調理法も全く異なる（図12－5）。

琵琶湖のアユが独自の生活史を進化させたのも、「淡海」の環境に適応した結果と言えよう。興味深いことに、両者は姿形や生息環境が全く異なるにもかかわらず、遺伝的差異が全くない。

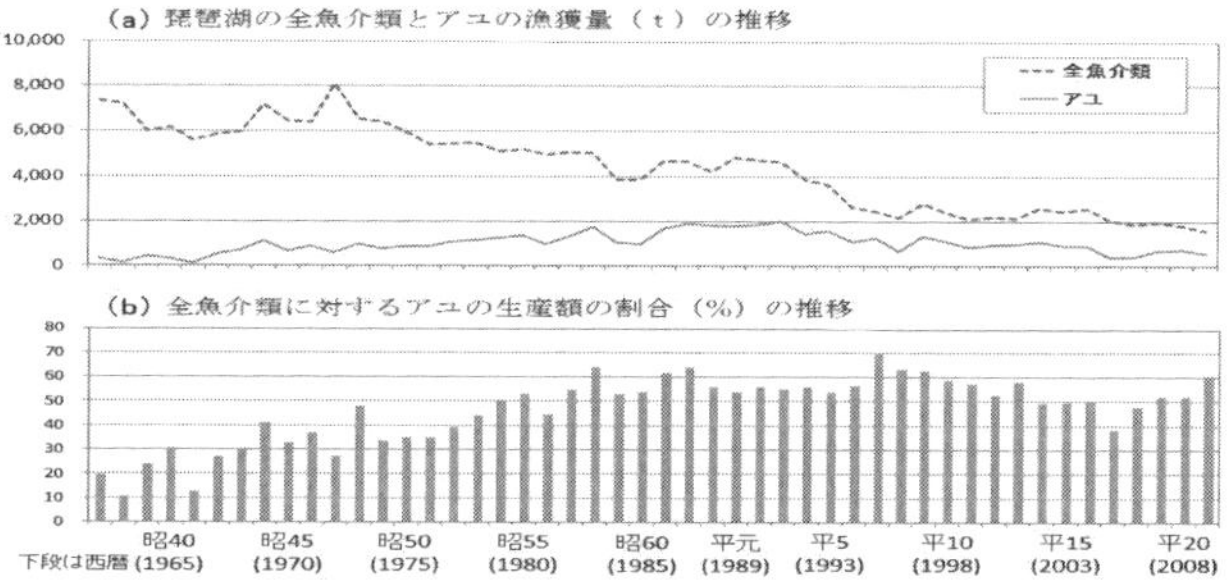

図12-6 需要が高まったコアユ
近世まで、コアユは水産価値の低い雑魚として扱われたが、種苗資源としての優良性が見出され、全国の河川に放流されるようになった。アユ種苗の需要が増し、価格高騰を背景に数多くの増殖事業が試みられた。

コアユを川に放流すると、なわばり習性を発揮し、大型化してオオアユに変身するという生態型の可塑性をもっているのだ。

コアユに依存した水産業

この半世紀における琵琶湖の漁獲動向をみてみよう（図12―6）。富栄養化による赤潮の発生が顕著となる一九七〇年代後半から総漁獲量が減少に転じ、それ以降は年々減少傾向にある。外来魚の蔓延、湖岸造成・圃場整備による産卵・生育地の消失、温暖化による湖底の酸欠など、在来の魚たちにとって受難の時代が続く。激変する環境下にあって、アユの漁獲量だけは比較的安定に推移しているのがわかる。

高貴な香りを放つアユは、現在でこそ水産上重要な淡水魚の代表格であるが、近世までコアユは、魚肥用の乾燥ニシンや出汁用のイリコの代用品として水産価値の低い雑魚《ざこ》とみなされていた。転機が訪れたのは、滋賀県水産試験場と魚類学者の石川千代松によって、琵琶湖アユの生態型に関する共同研究が開始されたことによる。

この共同研究によって、コアユの飼育個体を河川に放流すると大型化してオオアユになることが実験的に証明されたのだ。このような習性を利用して、コアユを河川放流や養殖用の種苗《しゅびょう》として大量生産する水産技術が確立し、全国に出荷されるようになった。資源としての優良性が見出されたコアユは全国的に需要を増し、その価格高騰を背景として、アユの増殖事業が数多く試みられることとなった。アユ資源量の安定性は増殖対策によるところが大きい。その安定した漁獲量と高単価によって、一九六〇年代には漁業全体の一〇%程度であったアユ生産額が、近年では六〇%以上を占めるまでに上昇した（図12—6）。

持続可能な水産業を目指して

琵琶湖の水産業の一翼を担ったコアユだが、河川放流や養殖など県外出荷を目的としたコアユ漁に過度に偏重することのリスクについて考えてみたい。

まず、生き物本来の移動能力を超えて人間が意図的に生き物を他地域に運搬すること自体、移植先の生態系に予期せぬ被害をもたらす危険性をはらむ。これについては、14章で改めて述べる。

次に、養殖業自体が抱える問題である。すなわち、出荷量調整が行われない自由競争に基づく養殖生産は、長期的にみると供給過多に陥って崩壊する危険性をはらむ。最後に、いくら増殖対策が施されているとはいえ、やはり自然が相手である。単一魚種への依存体質は、環境変動による豊凶の影響を受けやすく、収入が不安定化する危険性をはらむ。

何かが減れば、その一方で何かが増えるのが生態系の常である。多魚種を漁獲対象としつつ、それらの変動する資源量に応じて、たくさん獲れる魚種に柔軟に切り替える操業方針を採れば、漁獲収量の不安定性は幾分解消されるだろう。

アユ以外の魚種から安定収入を得る上で重要なのは、琵琶湖でしか獲れない固有魚に付加価値をつけ、地域で消費するシステムを確立することである。

食のグローバル化の反動であろうか、昨今では「ご当地グルメ」なるものが地域活性に一役買っている。その土地でしか食べられない味覚を満喫するのは、旅の醍醐味でもある。滋賀県を訪れる観光客の数は、年間延べ四五〇〇万人超である。潜在的な需要はとてつもなく大きい。また、ご当地グルメブームが来訪数を押し上げ、地域経済を活性化する効果も期待できよう。皆さんにも、ぜひアユ以外の湖魚たちの滋味深い味わいを堪能していただきたい。

13章　エリ漁にみる環境の変化

多様なアユ漁

12章でも述べたように、琵琶湖におけるアユの漁法は実に多様である。このように多様なのは、琵琶湖の大きさと歴史の古さがもたらした結果だろうと言われている（内田 1951）。

たとえば、河川における梁《やな》漁や四手網、湖心で行う沖すくい網漁、沖《ちゅう》びき網漁、刺し網漁（小糸漁）、湖岸における追又手《おいさで》漁（カラスの羽根をつけた竹の追い棒でアユを追って囲みとる漁法）、そして岸から沖に張り出したエリ漁などが挙げられる。それぞれがアユの特性をうまく利用して工夫した漁法であり、季節的に異なった漁法であることから、琵琶湖の風物詩ともなっている。

一般に、琵琶湖で行われている伝統的な漁法は、四〇種類ちかくあるが、沖すくい網漁や沖びき網漁などを除くと、タツベや小糸網そして河川でのヤナなど、ほとんどが「待ちの漁法」である。そのなかでもエリ漁は、物理的な大きさのみならず、琵琶湖の漁獲高に占める割合からみても「待ちの漁法」の代表格的な手法である。

琵琶湖のエリ漁

エリ漁の歴史は、少なくとも平安中期（九五〇年～九六〇年）までさかのぼることができると言われている。古くは魚が「入り」から転じて「えり」と呼ばれていたが、一二四二年には「江利」、一三四二年には「恵利」という記載が残っている。その後、「魚が入る」をもじって「魞」という文字が日本で使われるようになった（内田 1951）。

図 13-1 琵琶湖固有の「攻めの漁法」である沖すくい漁。船先に取り付けたガチャンコと呼ばれる大きな網でコアユの群れ（マキ）を掬いとる。漁師は高く組んだ櫓の上で船を操作するのだが、高速で移動して急ブレーキをかけるので、熟練を要する。最近は、アユの漁獲量も減り、船の数も激減している。

なお、エリのような傘型の定置漁法は、中国大陸南部の広東省やフィリピン、タイの海岸部にもみられ、琵琶湖のエリは縄文時代末期から古墳時代にかけて、東南アジアから中国・朝鮮を経て近江に伝わったものと考えられている（藤村ら 2007）。このように、エリ漁の歴史は時間的な長さとともに、アジアという地域的な広がりをもっているのが特徴である。

エリは、シオや魚の習性を巧みに利用するという漁法としての特徴を明確に有している。シオとは湖の水の流れのことをいい、まず湖岸近くから沖合に伸びた「ハリズ」あるいは「ワタリ（垣網）」と呼ばれる部分で、このシオに乗ってくる魚の行く手を遮る。魚は障害物に当たるとそれに沿って深いほうへ逃げるという習性をもつことから、「ワタリ」に沿って移動した魚を矢の形をした「オトシ（身網）」に導き、最終的には傘状に開いた部分の一番奥にある「ツボ（壺）」と呼ばれる捕魚部まで誘い込む。この巨大な迷路のような構造物によるエリの捕獲の仕組みは、陥穽《かんせい》（落とし穴）漁法の発達したものであり、「ツボ」に入った魚を「エリカキ」または「ツボカキ」と呼ばれる作業で活きたまま傷つけることなく捕獲することができるという点がエリの特徴である。

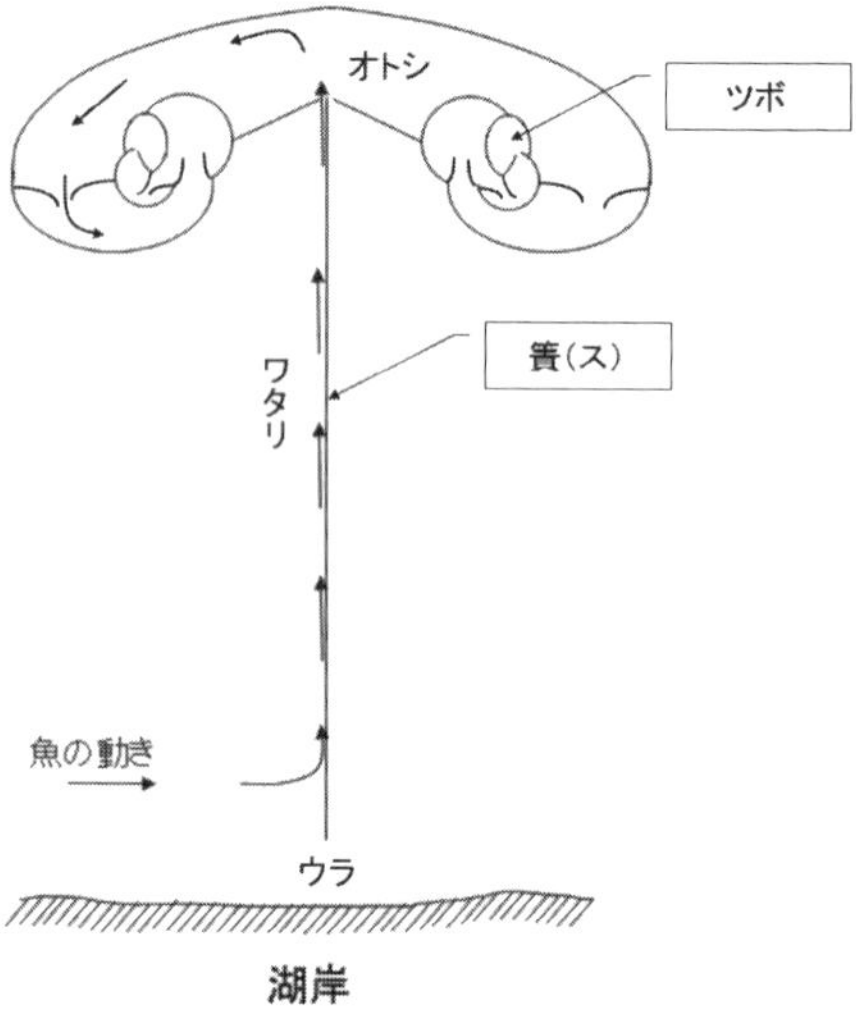

図 13-2 エリの基本構造

エリは対象とする魚の生態によって「目合い」や長さ、傘の角度が異なる。「目合い」とはエリの簀《す》と簀の間隔のことをいい、この「目合い」によって、「細目《ほそめ》エリ」と「荒目《あらめ》エリ」の二種類に大きく分けられる。「細目」とは「目合い」の細かいことを意味し、主にコアユなどを捕るエリであり、八月中旬から十一月中旬を除くほぼ周年を漁期とする。「荒目」とは「目合い」が荒く主にコイやフナを捕るエリで、四月から八月までを漁期とする。「目合い」が細かいほど魚の行く手を遮ることができるように思えるが、それは魚が乗ってくるはずの「シオ」の流れを「ワタリ」が遮断してしまうことにもなることから、対象魚の大きさに合わせた「目合い」の選定は実に理にかなったものであるといえる。

さらには、エリの段数つまり傘の数によって一段エリ、二段エリなどがあり、段数が多いほどツボの数が多いことから漁獲量も多いとされる。ヨシ帯などのある湖岸近くを回遊するフナやコイを対象とする「荒目エリ」は通常一段エリで、「ワタリ」もそれほど長いものではない。

このような仕組みをもつエリの構造物は、杭と簀からなっている。かつては竹の杭と割竹やヨシズの簀をわら縄やシュロ縄で組んだものであったが、一九六〇年代後半に入ると、まず簀がビニール管と化学繊維製の紐で作られるようになった。そして、一九七〇年代半ば頃から杭がＦＲＰ製パイプに変わり、一九七〇年代末から一九八〇年代にかけては簀が網に変わり、「ツボ」部分だけが網のものなども含めていわゆる網エリと呼ばれるものが現れるようになった。

この網エリへの転換は、琵琶湖の風物詩としての姿も変えることになった。簀がないため、特に遠景では以前ほど湖面にその姿を鮮明に捉えることはできず、またかつてほどの傘型の角度もなくなって構造も単純化した。

エリという巨大な構造物を杭と簀で作り上げるにはかなりの技術と労力を必要とする。エリを設置することを「エリタテ」（エリを建てる）といい、かつては「エリの親郷《おやごう》」であった滋賀県守山市木浜町に居住するエリ師とよばれる専門的技術者集団によってつくられていた。しかし、漁業法制度の変更による農業と漁業の分離やこのような材質の変化、特に網エリへの移行によって労働力や技術などが軽減、簡素化されたこともあって、最近では設置に際してエリ師を必要としなくなっている。

琵琶湖でエリを営むことができるのは、漁業権をもつものに限られる。エリについては第2種共同漁業（漁業法第６条）として知事免許（同法第10条）が必要な「小型定置網漁業」と規定されており、これにより漁場の位置や区域が詳細に定められている。また、エリの権利行使や設置には千万円単位という高額の費用がかかる。この「建造」という言葉のとおり、漁具とはいうもののエリは大きな構造物であり、一度設置されると基本的には数年は移動されることはない。漁獲原理としての「受動性」に加えて、容易に動かすことができない、拘束性をもつという特徴がある。

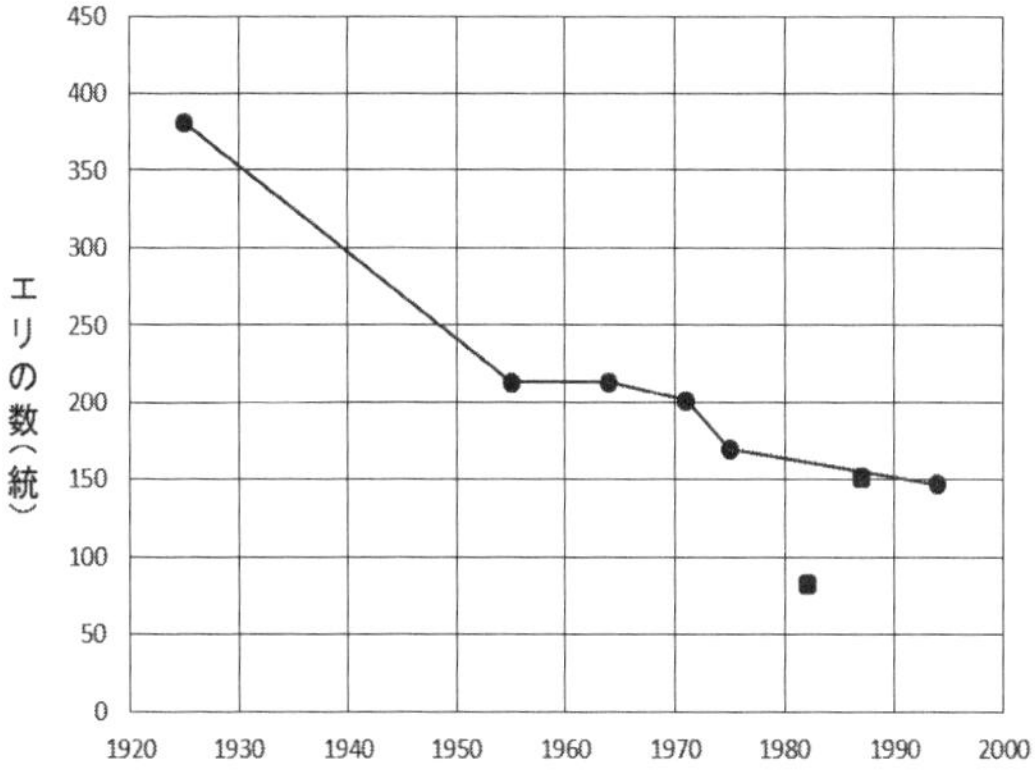

図 13-3　琵琶湖におけるエリ統数変化
●印は全湖で確認できた統数。■は部分的に確認できた統数

エリに見られる環境の変化

私たちは、過去の航空写真からエリの統計的数値を判読することを試みた。航空写真はいずれも琵琶湖の沿岸域を一九七五年、一九八二年、一九八七年、一九九四年の各年に撮影したものである。ただし、一九八二年の北湖西岸のほぼ全域と、一九八七年の南湖のほぼ全域については航空写真の欠番により確認することができなかった。航空写真を判読することにより確認できたエリの数は、一九七五年に一六七統、一九八二年に八〇統、一九八七年に一四七統、そして一九九四年に一三八統であった。過去の文献でみることのできるエリの統数は一九二五年の三八一統、一九五五

年の二一三統、一九六四年の二二三統、一九七一年の二〇一統であることを足し合わせると、明らかに減少傾向で推移している（図13－3）。

一九八二年では南湖の東岸域において減少し、一九九四年においても同様であった。その他では西岸域の近江舞子から北小松付近において減少したことがわかった。

一方、これまでエリのなかった地域で新たなエリがみられるようになってきた。一九七五年と一九九四年のエリの分布を比較すると、東岸域の中主から近江八幡にかけて、そして愛知川から長浜にかけてはエリが新設されたことがわかる（図13－4）。これらの分布の推移を湖北、湖西、湖東、湖南の四地域別にみると、湖南での減少が目立ち、湖北や湖西でもやや減少したが、湖東では増加していた。この事実は、琵琶湖総合開発事業の進捗状況や漁業補償と関係しているのかもしれない（17章参照）。つまり、新たなエリを作ることと漁業補償が関連しているのではないかという意見だ。実際のところはよくわからないが、開発に伴う多額の漁業補償が琵琶湖の伝統的な水産業に少なくない影響を与えた可能性もある。

群体をつくって遊泳する琵琶湖のアユは、水流の方向に泳ぐ性質を有している。したがって、エリが向いている方向と、水が流れる方向には何らかの関係があるように思われる。特に、琵琶湖北湖の北部では春から秋にかけて時計と逆回りの環流（5章参照）が卓越するので、水流の方向にエリが傾いて設置されているのではないかと推察される。このことは、先に述べたシオや魚の習性を巧みに利用するという漁法の特徴をよく表している。

また、図13－4からわかることだが、エリの長さが延びたことと、エリの沖出しが進んだことが明らかになった。漁業協同組合（以下、漁協）へのヒアリングの結果、二つの要因が判明した。最大の理由は、アユを多くとるためである。このことは、すべての地域の漁協で聞くことができた。漁獲を増やすために必要なのがエリの沖出しであり、それを技術的に可能にしたのが材質の進歩であった。それまでの竹杭や割竹簀では沖出しする水深に対応することが不可能であり、また塩ビ製の杭や簀でも沖出しには限界があった。しかし、足

図13-4　琵琶湖周辺の漁協とエリの配置。黒塗りの棒は1975年当時のエリ、白ぬきの棒は1994年当時のエリを示している。図中のスケールはエリの長さに対応している。

し竿ができるＦＲＰ製の杭と網への転換によってそれが十分可能になった。漁業者の言葉を借りれば、「資材がようなったというのは、とりたいという願望や漁獲努力の成果や」ということになる。

もう一つの理由は自然環境の変化によるものである。この話は、必ずしもすべての漁協で聞かれた訳ではないが、湖北に位置する南浜、朝日、西浅井の各漁協、湖東では近江八幡、湖西では百瀬、今津、三和、そして湖南の守山の各漁協で同じ意見が聞かれた。自然環境の変化とはまず湖辺の水質変化であるが、西浅井では「沖出しをしないと泥あかが付くから」といい、今津では「岸の近くほど水質が悪く、藻も多いので外来魚も多い」という説明に代表される。この二地域に加え百瀬漁協でも湖岸の水質悪化を挙げており、いずれも琵琶湖の北部において湖辺の水質悪化がエリの沖出しに拍車をかけたようだ。

また、南浜や朝日、三和の漁協では、昔からの湖産アユが減少した、その性質が変わってきた、放流によって海産アユも混じってきたという理由で、アユが接岸しなくなってきたのではないかとかいう話もあった。

これらに加え、近江八幡や朝日の漁協では、琵琶湖の水位低下の影響を受けないようにするためにエリの沖出しをしているという理由を挙げていた。さらに、心理的な要因もあるという。これは隣の漁業者がエリの沖出しをしたら、みんなに合わせようと必然的に自分も沖出しをせざるを得なくなる。それは漁業者間にある一種の競争意識のようなものであるという。もちろんこのような心理的な要因だけでなく、隣のエリの位置が変わることでシオの流れや波の受けにも変化があるという現実的な理由もある。

長さについても同様で、長いほど多くのシオを受けられることは確かであるが、長ければいいというものではなく、長さも離岸距離も要はバランスであると考えている。エリのツボの位置を工夫しているという守山漁協のように、沖出しや長さだけがエリの漁獲向上をもたらすのではなく、昔からのウラ（エリの始点と湖岸の間）を空けないことを重視する考え方もある。

それと同時に、エリが張り出す斜面「キワ（際）」に沿ってくるという魚の通り道を正確に求めることが重要な要素であり、エリの設置場所の決定に必要な要素は、長さと湖岸との距離の兼ね合い、そして魚の通り道であるような傾斜であるかどうかも重要である。

沖出しを始めた時期については、朝日漁協の一九六五年から一九七〇年にかけてその兆候があったというのを筆頭に、守山漁協では一九七〇年から一九八〇年にかけて、その他では一九八〇年代前半にそれぞれほぼ段階的に実施されている。一方、百瀬漁協では一九八三年頃から一九九五年頃、また近江八幡漁協では一九九〇年から一九九四年にかけてとかなり遅く、特に一九九四年の琵琶湖の異常渇水がエリの沖出しをする最後のきっかけになったという。

エリの質的な変化から、魚の質的な変化を感じる漁業者もいる。昔の簀エリの時代は、エリの最終部分であるツボに至るまでに何回もナグチとよばれる部分を潜り抜けなければならなかった。それほど、その時代の魚は今に比べると強かったという。「今のアユはしまりがなく肥満気味のものが多い」という言葉に象徴されるように、冷水病だけでなく魚の質の変化を漁業者は敏感に捉えている。

汚れる漁網

琵琶湖に網を入れると漁業者の間で「ソブ」とよばれているものが付着するという。これはエリに限ったことではない。この「ソブ」とは水アカのようなものであるという見方が一般的であるが、南浜では「水アカはきれいなもんやからええ、ソブはあかん」ということから必ずしも一致した呼び方ではなく、湖水中の褐色のムラムラとしたもの、不純物の総称的な言い方である。

北船木漁協では「かつて『ソブ』と呼んでいたものはカイメンのようなものでもあり、乾くと粉になって触るとはしかく（かゆく）なった、そんなものと記憶している」と話す。それがシオに流されて付着するのか、その場で繁殖するのかについても判断が分かれ、海津や志賀町ではシオが速いと汚れもひどいといい、志賀町ではのぼりのシオ（北から南への流れ）

では綱がきれいだが、くだりのシオ（南から北への流れ）では網が汚れるのが分かるという。

そもそも昔からこの「ソブ」と呼んでいるものはあった。そしてそれは同時に水の汚れの証拠でもあったが、近年に至ってはヘドロのようなベトベトしたものであり、明らかにその質が違うという。他の刺網などでは「北湖の一日分が南湖では一時間もかからないうちに付着する」という。

山田や守山では数十分で網がドロドロ状態でになるが、エリの場合はその定置性から網が湖水に浸かっている時間が長いためより顕著に現れる。また、その付着部分は杭および網の上のほう、水面下五メートルまでが最も目立つ部分であり、西浅井や朝日、北船木ではもう少し深く七メートルから八メートル、守山では水深九メートルの下のほうにまで達するというが、百瀬では一〇メートルぐらいまでびっしりと付いていることもあるという。

時期的には一年を通して付着し、特にひどさが増してくるのが水温の上がってくる三月頃から五、六、七月にかけてであるが、この十年間に三月、四月の早い時期から目立つようになるなどの変化もみられる。付着した「ソブ」は水で洗うだけでは落ちないだけでなく、網につけられたフロートが沈むほどの重さになるため、網を揚げる作業がまるで水を汲んでいるようであるという。陸に揚げられた網は消防用ポンプを使って「ソブ」を洗い流した後、天日干しが行われるが、この乾燥させることが次に網を入れたときに付着しにくくする上で欠かせない。

このような「ソブ」の変化してきた状態がいつ頃から意識されてきたのかについては、最も早い西浅井の約二十年前を皮切りに百瀬、近江八幡、彦根市松原の約十五年前、朝日、中主の約十年前と湖北部が中心である。一方、彦根市磯田、今津、守山、志賀町ではそれぞれ約七年前~約三年前という比較的最近になって意識し始めたという答えが得られた。これらは、琵琶湖の透明度や水温の変化と関係しているのかもしれない。

また、「ソブ」と同じく「カワナ」という水の汚れを示す言葉がある。「カワナ」の付着部分は「ソブ」よりやや上の、水面下約三メートルの範囲に多い。この「カワナ」はかつて青色や黒色の石の部分にしか付かなかったもので、それが砂地などの白い部分にもびっしりと付くようになり、朝日漁協では湖底一面が緑色になるくらいに、量および範囲ともに拡大したという。今まで付着しなかった白い場所への「カワナ」の進出は、百瀬、朝日、彦根市磯田、志賀町、近江八幡、中主、守山、山田の計八漁協で明確に聞くことができた。

「ソブ」に関連しては、最近、滋賀県水産試験場による漁具付着物の調査が行われている。その中で、鈴木・金辻(2000)はかつてのものとの相違などについては分からないものの、エリの付着物については季節的に若干の変化はあるが、アオミドロなどの藻類と泥状浮遊ゴミが主原因であると報告している。

エリと外来魚

漁業者の感覚ではブラックバスやブルーギルといった外来魚は、水深の浅い所やシオの緩慢な所に多いという。したがってエリのように湖岸近くにあってシオを受けとめる構造物には入りやすい。特に操業を開始する十一月の網入れ時分には、外来種しか入っていないような状態が多いため、たとえ目当ての魚が入っていても傷んでいて売り物にはならないという（守山漁協）。比率的には、ブラックバスよりはブルーギルのほうが多い。ブラックバスも大きいものはエリに入らず、北湖よりは南湖に多いという。

エリという視座から

先にも述べたように、エリの数はこの約二十年間にやや減少している。このことは、過去の資料に記載された数を比較しても、明らかである。しかしこの減少傾向とは裏腹に、漁業者の見方ではエリの数が多すぎるのではないかという。すなわち、材質の変化によってエリが大型化した結果、一統あたりの漁獲効率的なものが大幅に向上したことで、資源量とエリの数とのバランスがとれていない可能性がある。つまりエリの性能がよくなったことがこのような認識につながっており、エリの形態的な変化は、漁業技術や機材、材質の著しい進歩を表現した「文化のいたずら」という漁業者の言葉の意味するところを裏づける結果となっているのかもしれない。

待ちの漁法であるエリという視座から琵琶湖をみたとき、単体としての魚や水ではみられない、同時的に認識の中に入ってくるものの存在がある。たとえば、琵琶湖沿岸の一五の漁協を巡ったヒアリングの結果によれば、琵琶湖漁業において問題となっているアユの価格の安定性や冷水病とは別に、接岸の様子からアユそのものの質的な変化が起こっているのではないかという認識が存在した。

水の変化についても、化学的な水質項目値やアオコや赤潮といった生物的な変化のみが水の汚れを示すものではない。「ソブ」という物質に対する過去と現在との認識の違いのように、科学的かどうかということに依拠しないものの、環境状態を認識しうるツールとでもいうことができるものが存在している。

このような漁業者の経験を踏まえて、エリの変化というものを自然環境要因だけではなく、社会環境要因にも対応させて各々に対して検証していくことも大切である。待ちの漁法であるエリの考察から、各時代における自然や社会の変化を知ることも大変興味深いことだと思われる。

14章　外来魚による被害と加害

外来魚天国

『滋賀県で大切にすべき野生生物（滋賀県レッドデータブック2000年版）』によると、生態系に悪影響を及ぼすことが明確な外来種や移入種は三四種となっている。これらの大半が、琵琶湖もしくはその周辺に生息している。生態系への影響がよく分かっていない外来生物も含めると、ここに挙げた数字は氷山の一角かもしれない。器の大きな琵琶湖は、まさに「外来生物天国」といえよう。

人やモノが短時間で長距離輸送できるようになった現代の交通・物流システムは、同時に、外来生物による意図せざる侵入を助長した。しかし、魚類に関していえば、そのほとんどが意図的な移入である。悪名高い外来魚の代表格であるオオクチバス（ブラックバス）は、スポーツフィッシングを目的として一九二五年に北米から移入され、その後、釣り人や業者による密放流によって日本全国に分布を広げることとなった（口絵9）。その貪欲な肉食性のため、琵琶湖においては、一九八〇年代以降、在来生物の食害が深刻な問題となっている。

人為的移入の歴史

とかく外来魚というと密放流のイメージが強いが、わが国では、水産増殖を目的とした移殖放流事業が明治時代から精力的に試みられてきた。琵琶湖にも、数多くの外来魚が放流された記録が残る。しかし、移殖された個体群が定着できず、事業としては失敗に終わった事例も多い。

外来生物が定着できない一因として、原産地と移入先では、気象や水象条件などの生息環境が大きく異なることが挙げられる。琵琶湖においても、アクアリスト（水生生物の愛好家）の放流した熱帯魚が捕獲されて新聞やテレビを賑わすことが少なくないが、それらのほとんどは冬場の低水温を乗り越えられず、再生産には至っていない。また、在来生物群集の競争者や天敵が、外来魚の侵入を阻む障壁の役割を果たしていることも考えられる。そのような背景を考慮すると、現在、観察される外来魚は複数の偶然が重なって定着に成功した強運の持ち主かもしれない。

逆に、定着に成功した種は、在来生物との数のバランスを乱し、移入先の生物多様性を低下させる悪因となっている。

一九六〇年に北米から日本に移入されたブルーギルは、琵琶湖において淡水真珠母貝イケチョウガイの幼生の分散を促進する役割を期待され、滋賀県水産試験場によって移殖された。一九九〇年代以降、野生化した個体が爆発的に増加し、一部の水域では、漁獲物のほとんどがブルーギルで占められるほど深刻な漁業被害をもたらすこととなった（口絵10）。

興味深いことに、琵琶湖をわが物顔で跋扈《ばっこ》するブルーギルであるが、飼育環境下ではストレスに非常に弱く、在来魚と一緒に飼育すると競争に負けることが多い。ブルーギルは、その体高の高さと鋭く強靭な背びれの棘《とげ》によって、魚食魚の捕食を回避する能力をもつ。オオクチバスの水槽にブルーギルおよび同サイズの在来コイ科魚類を入れると、オオクチバスは在来魚を好んで捕食するため、結果として、ブルーギルが生き残る。ブルーギルは、オオクチバスを用心棒として、在来魚の減少によって空いたニッチにうまく入り込んだのかもしれない。

マゴイとヤマトゴイ

外来魚というと、とかくオオクチバスやブルーギルなど肉食性の魚に目がいきがちだ。しかし、一見、人畜無害と思われる外来魚であっても、湖内の限られた資源や空間を利用する以上、餌や棲み処をめぐる競争を介して在来生物に何らかの悪影響を及ぼす場合がある。さらに、同一種であっても、異なる水系の集団を移殖することによって在来集団に深刻な影響が及ぶ場合もある。

コイは、その学名を *Cyprinus carpio* と呼び、観賞用も含めてさまざまな形態をみることができるが、分類学上はすべての系統が一つの種とみなされている。しかし、最近の分子系統学的な研究によって、日本列島に存在する野生のコイがユーラシア大陸を原産とするコイとは遺伝的に大きく異なる固有の系統群を形成することが明らかとなった。過去の資料をひも解くと、一八九一年にユーラシアを原産とする「ヤマトゴイ（養殖用品種の通称）」の移殖放流が行われた記録がある。琵琶湖に元々いた野生のコイは通称「マゴイ」と呼ばれ、その体型がヤマトゴイに比べて著しく細長いことから、地元の漁師たちは両者を明確に区別していた（図14－1）。

図 14-1　コイの日本固有系統である「マゴイ」（上）と、養殖用品種として外国から移植された「ヤマトゴイ」（下）

琵琶湖に生息するマゴイとヤマトゴイは、形態だけでなく生態的にも大きく異なる。警戒心の強いマゴイが水深の深い湖盆で暮らす一方、ヤマトゴイは人里近くの河川や内湖を好む。

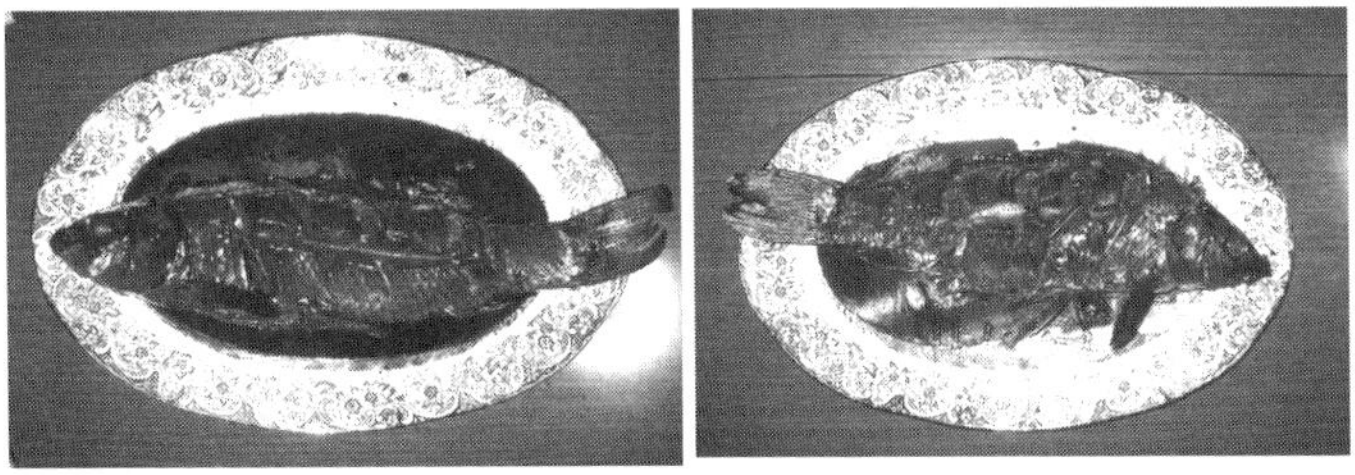

図14-2　琵琶湖の伝統的湖魚料理の一つ、コイ飴煮。体型から、左はマゴイ、右はヤマトゴイと推測される。

また、ヤマトゴイは底生雑食性であるが、マゴイはより肉食性が強いことが最近の筆者らの調査によって明らかとなった。

筆者は、民宿で食事に出されたコイの飴煮の中に、たまたま二種類のコイを見つけたことがある（図14－2）。太っているタイプは、やや泥臭く、身が柔らかいのに対して、細身のタイプは臭みがなく、筋肉質で身が締まっているのが印象的であった。生息場所や食性の違いが、食味や食感の違いをもたらしているのかもしれない。

病原菌の移入と遺伝子の汚染

二〇〇四年、琵琶湖のコイが大量死するというショッキングな出来事が起こった（図14－3）。その数、十万尾超、じつに琵琶湖のコイ個体群のおよそ八割が死滅したと推定される。一体、琵琶湖のコイに何が起こったのか。コイの大量死からさかのぼること一年前、霞ケ浦で養殖コイが大量死した。原因は感染性・致死性の極めて高い病原菌のコイヘルペスウイルス（K

図 14-3　琵琶湖で大量死したコイの死骸

ＨＶ）であった。その数か月後には、ＫＨＶによるコイの大量死が全国の水系に伝播した。

コイ自身が短期間に水系をまたいで移動するとは考えにくい。霞ヶ浦のコイは、食用、観賞、放流などさまざまな用途で全国に出荷される。その中にＫＨＶの保菌個体が含まれると、水を介して、移入先のＫＨＶ耐性をもたない個体が病原菌に曝されることになる。養殖コイの人為的な移入によって、ＫＨＶの感染が在来個体群に瞬く間に拡がることは想像に難くない。

琵琶湖で大量死したコイの遺伝型を調べた研究によると、その九割近くが固有系統のマゴイであることが分かった。ＫＨＶ発生以後、水深の深い北湖に主に生息していたマゴイの個体数は著しく減少した。

さらに、憂慮すべきは、マゴイとヤマトゴイは遺伝的に違えども、同種なので両者の交雑が可能なことである。交雑によって、日本固有の系統が本来もっていた遺伝的な特徴が損なわれる恐れがある。遺伝的な調査によって、琵琶湖に生息するコイのほとんどにおいてヤマトゴイとの交雑の痕跡が確認され、純粋なマゴイは皆無に近い状態であることが分かった。純血が失われるということは、長い歳月をかけてマゴイが担ってきた琵琶湖の生態系における役割が失われるということ、そして、それを利用する近江の伝統文化が失われることを意味する。外来魚移入の損失は、計り知れない。

琵琶湖は国内外来魚の生産地

琵琶湖は外来魚移入の「被害者」というイメージが強いが、じつは「加害者」でもある。12章で紹介したように、アユ種苗として県外に出荷される琵琶湖産アユの取引量は、全国一位のシェアを占める。独自の生態的特徴をもつ琵琶湖産アユが、放流先の水系の集団と交雑する可能性が危惧される。幸いにも、産卵期間や卵サイズの違いによって、琵琶湖産のアユは他水系の環境には今のところ順応できていないようである。

アユの種苗放流がはらむもう一つの問題は、アユ苗に混入した他魚種による意図せざる侵入である。琵琶湖産アユ苗が放流されている全国の河川から、本来いるはずのない琵琶湖産の魚がしばしば観察されることがある。これらが、放流先の生物多様性に及ぼす影響が懸念される。

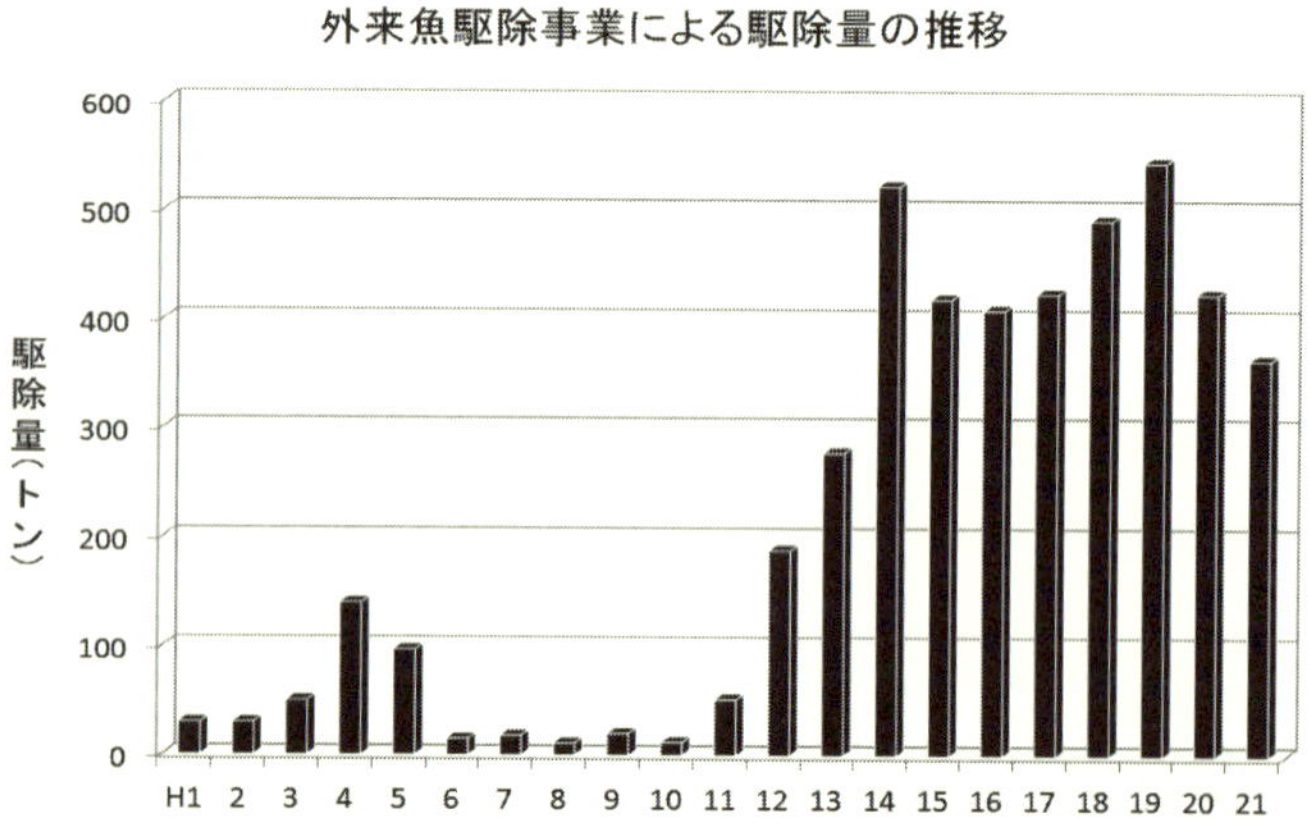

図 14-4　滋賀県の外来魚駆除事業による外来魚駆除量の推移

外来魚駆除と在来魚保全

外来魚をよそから持ち込むのは容易だが、一度増えてしまった外来魚を完全に駆逐するには相当な労力を要する。小さな湖沼であれば、池干しなどで根こそぎ駆除することも可能だが、広大な琵琶湖での駆除は困難を極める。現在、琵琶湖の外来魚駆除は、県の事業あるいは自然保護に熱心な個人・団体の活動によって進められている（図14－4）。

終わりの見えない作業だが、琵琶湖の生物多様性を守るために駆除の手を休めるわけにはいかない。無関心を決め込む住民も多いが、駆除事業には税金が使われているという事実を看過すべきでない。私たち一人ひとり、外来魚放流の代償の重さを受け止めねばならない。

もし外来魚の駆逐が困難なら、逆転の発想も必要である。外来魚がいても、在来魚が棲める環境を整えてあげるのが一つの手だ。たとえば、なだらかな傾斜地にヨシ帯が群生する湖岸には、オオクチバスの捕食に対する在来魚の避難場所が提供される。湖岸造成によって消失したヨシ帯を再生することは、在来魚の減少を食い止めるのに有効かもしれない。在来魚で賑わう琵琶湖を取り戻せる日が来ることを切に願っている。

図 14-5 歌川広重の『絵本手引草』に描かれたコイ

浮世絵に見るコイ

ヤマトゴイが明治の移植放流以前に日本に自生していたか否か、今となっては定かではない。

しかし、江戸時代の浮世絵に見るコイの姿形はまさにマゴイそのものである。(図14－5)。黒く細長い鯉のぼりの「マゴイ」がたなびく姿は、近世以前の湖沼で普通に見られたコイが日本固有系統であったことを想起させる。

15章　琵琶湖の富栄養化

水面が赤褐色に染まる

一九七七年五月、琵琶湖で淡水赤潮が発生した（口絵11）。ウログレナ・アメリカーナ（以下、ウログレナと略す）という植物プランクトンの異常増殖だった。琵琶湖の南湖から北湖西岸にかけて、水面が赤褐色に染まった。それまでにもウログレナの存在は確認されていたが、大規模な発生はこのときが初めてだった。なぜ、淡水赤潮は発生したのだろうか。

ここに、京都大学理学部分析化学研究室が分析した琵琶湖北湖における栄養塩のデータがある。一九六一年から一九八一年にかけての調査である。一九六五年頃から、アンモニア態窒素濃度が急上昇している（図15－1）。この濃度は非常に高く、おそらくかなりの量のし尿や肥料が琵琶湖に直接流入していたのではないだろうか、と思われる。

一九七〇年代になると、全リン濃度が上昇している。またこの頃になると、アンモニア態窒素濃度は次第に低くなり、代わりに硝酸態窒素濃度が上昇している。このような環境変化

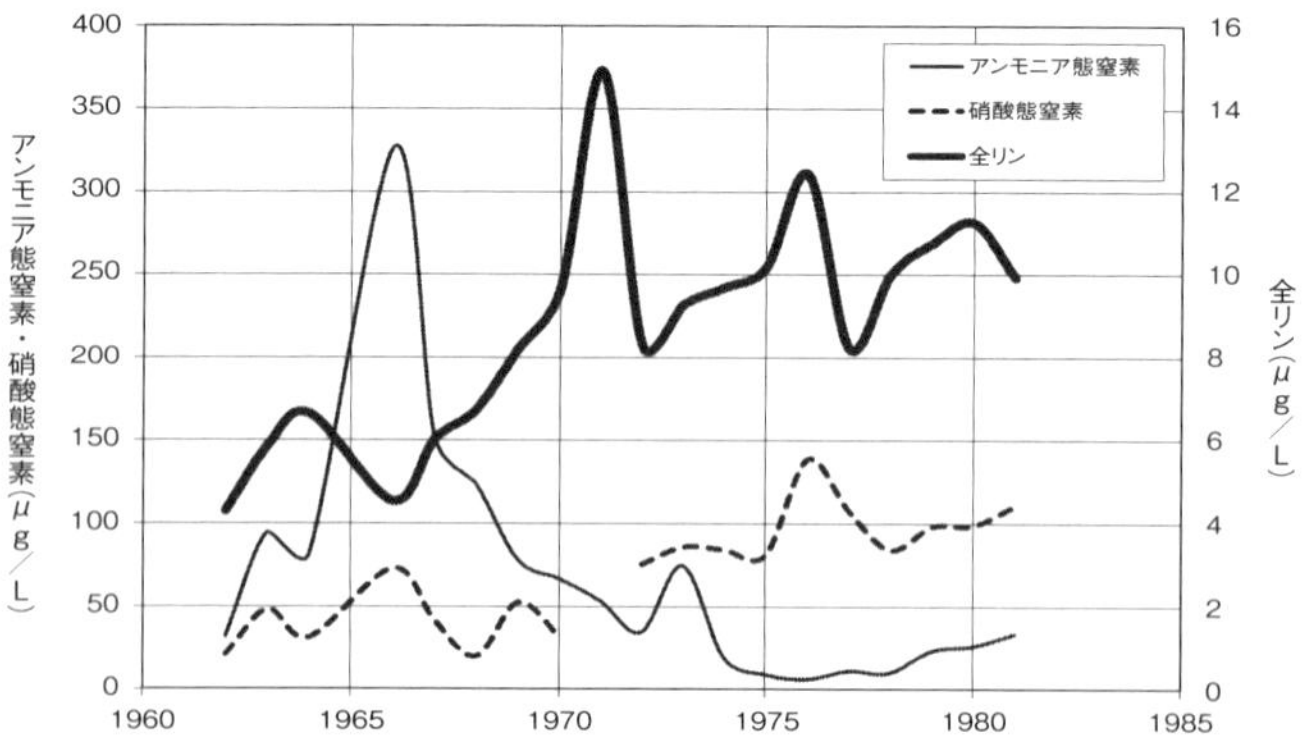

図 15-1　琵琶湖北湖の水質変化（京都大学理学部分析化学研究室提供）

の下に、一九七七年の淡水赤潮が発生したのだ。ただ、全リン濃度から見ても分かるように、リン濃度は増えたと言ってもかなり低い。この時期全体を通してみても、琵琶湖のリン濃度は低かったのである。

ではなぜウログレナは異常増殖したのだろうか。実は、ウログレナは自分自身で水中のリンを取り込むほかに、バクテリアが摂取したリンを利用することもできるという。他の植物プランクトンとは異なる能力を持っている。こうしてウログレナは、リン濃度の低い琵琶湖で優先となったのだ。

富栄養化防止条例

淡水赤潮の発生は、滋賀県庁と滋賀県民を驚かすのには十分だった。滋賀県は、一九七九年に「琵琶湖富栄養化防止条例」を制定し、翌一九八〇年に施行した。この条例の前文には名文が記述されている（囲み記事）。琵琶湖において富栄養化という文言が正式に用いられた瞬間でもあった。

こうして、琵琶湖に流入するリンの削減努力が始まった。まず実行されたのが、リンを含んだ洗剤の使用禁止だった。そして、流域下水道の整備も始まった。さらに一九八二年には琵琶湖研究所が設立された。一般には、こうした県をあげての運動で、琵琶湖の水質は劇的に改善されたと言われている。果たして本当なのだろうか。

一九八三年の夏、第一回世界湖沼会議が大津で開催された。皮肉なことに、時期をあわせるかのように南湖でアオコが発生した。藍藻という種類の植物プランクトンが増殖して湖面に浮遊し、「水の華」と呼ばれる現象を引き起こすのがアオコである。ちょうど抹茶を水面に浮かべたような色である。この現象は、富栄養化がより進行した状態だと言われている。

一般に、窒素とリンの比が小さいほど、アオコは発生しやすいと言われている。つまり、水中の窒素が少なくなるか、もしくはリンが多くなるかを意味している。富栄養化が進行してくると、水中のリン濃度が増加する。結果的に、窒素濃度が不足する。アオコを作る藍藻の中には、大気中の窒素を直接体内に取り込む種類が存在する。こうして、相対的にアオコは発生しやすくなる。

滋賀県琵琶湖の富栄養化の防止に関する条例（前文）

水は、大気、土などとともに人間生存の基盤である。

この水を満々とたたえた琵琶湖は、日本最大の湖として、われわれに大きな試練を与えながらも、限りない恵みをもたらしてきた。

この琵琶湖が、近年、急激な都市化の進展などによって水質の悪化、とりわけ富栄養化の進行という異常な事態に直面している。しかも、それは、琵琶湖自身の自然の営みによるものではなく、琵琶湖流域に住む人々の生活や生産活動によって引き起こされている。

図 15-2 当時の滋賀県知事　武村正義

悠久の歴史をつづりながら、さまざまな人間活動を支えてくれた琵琶湖を、今、われわれの世代によって汚すことは許されない。

水は有限の資源であり、琵琶湖はまさにその恩恵に浴する人々にとっての生命源であり、深い心のよりどころである。われわれは、幾多の困難を克服して、この水と人間との新しい共存関係を確立していかなければならない。

いまこそ、われわれは、豊かさや便利さを追求してきた生活観に反省を加え、琵琶湖のもつ多面的な価値と人間生活のあり方に思いをめぐらし、勇気と決断をもって、琵琶湖の環境を保全するため総合的な施策を展開することが必要である。

琵琶湖とともに生き、琵琶湖を愛し、琵琶湖の恵みに感謝する県民が環境保全の意識に目覚め、今、ひたむきに創造的な活動を繰りひろげている。

われわれは、この自治と連帯の芽を育てながら、一体となって琵琶湖を守り、美しい琵琶湖を次代に引き継ぐことを決意し、その第一歩として、ここに琵琶湖の富栄養化を防止するための条例を制定する。

北湖でもアオコが

一九九三年、「琵琶湖国際共同観測（BITEX'93）」が開催された。台風などの強風によって、北湖と南湖でどのような物理・生物・化学的な応答が起こるかを調べる、大規模な野外実験だった。世界九ヶ国から一七七名の研究者・技術者・学生が琵琶湖に集結し、約一ヶ月の共同観察を行った。

このとき、興味深い現象が発見された。台風による吹き寄せで南湖の水が北湖へ移動した後、北湖でアオコを形成する植物プランクトン（ミクロキスティス）が増加したのである。南湖で増えた藍藻が、北湖へ輸送された事実を捉えたものだった。今だから言えることだが、当時、滋賀県の環境室（当時）はこのことを正式に認めようとはしなかった。

しかし皮肉なことに、翌一九九四年には琵琶湖北湖でもアオコが発生し、やっと県はその事実を公式に認めた。一九九五年、アオコは琵琶湖の全域で見られるようになり、富栄養化は一段と進行したのである。その後、淡水赤潮やアオコの発生は、規模を縮小しながらも二十年間ほど続いた。

地球温暖化の影響

最近、淡水赤潮やアオコの報道はあまり目にしなくなった。何が大きな変化をもたらしたのだろうか。一九九四年から一九九五年にかけて、大規模な渇水によって琵琶湖の水位はマイナス一二三センチとなった。記録的な低水位であった。このときに、琵琶湖の生態系を変えるスイッチが入った。それは水草の繁茂だった。

まず、少雨《しょうう》によって河川からの流入量が低下し、湖内の栄養が少なくなり植物プランクトンの増殖が阻害された。これによって透明度が改善され光が十分に湖底に届くようになり、やがて水草が琵琶湖全域に広がっていった。こうした流入負荷量の削減と水草の繁茂によって、琵琶湖の水質は表面的には改善されてきた。

ここで忘れてはならないのは、地球温暖化の影響だ。温暖化による表面水温の上昇は水の上下混合を抑制し、深水層から表水層への栄養塩の輸送量を削減した。現在、少しずつではあるが、琵琶湖の深い場所に栄養塩が貯まりつつある。表面だけを見て手放しで喜んでいるわけにはいかない。自然というのは、さまざまな要因で突然大きくその姿を変えることがある。それは、水質だけでなく生態系まで大きく変えてしまうのである。

16章　水草と琵琶湖の水質

沿岸帯の水生生物

沿岸帯の陸側についてはすでに述べたので、ここでは汀線《ていせん》（湖面と陸地が交わる線）より湖側の沿岸帯（水草が生育する範囲まで）について述べる。

一般に汀線付近にはヨシなどの抽水植物が生育し、その沖にはヒシなどの浮葉植物、そしてさらに深い部分には、生活の大部分を水中で過ごす沈水植物が生育する（図16―1）。こうした水草は、琵琶湖の水質とどう関わるのだろうか。

このイラストは北湖東岸の姉川付近の湖岸をモデルに描いた断面図であるが、波浪の影響の大小などで、抽水植物帯や浮葉植物帯を欠いたり、種類組成に違いが見られたりする。

琵琶湖の富栄養化と水草

先にも述べたように、琵琶湖では一九七〇年代から一九八〇年代にかけて富栄養化が特

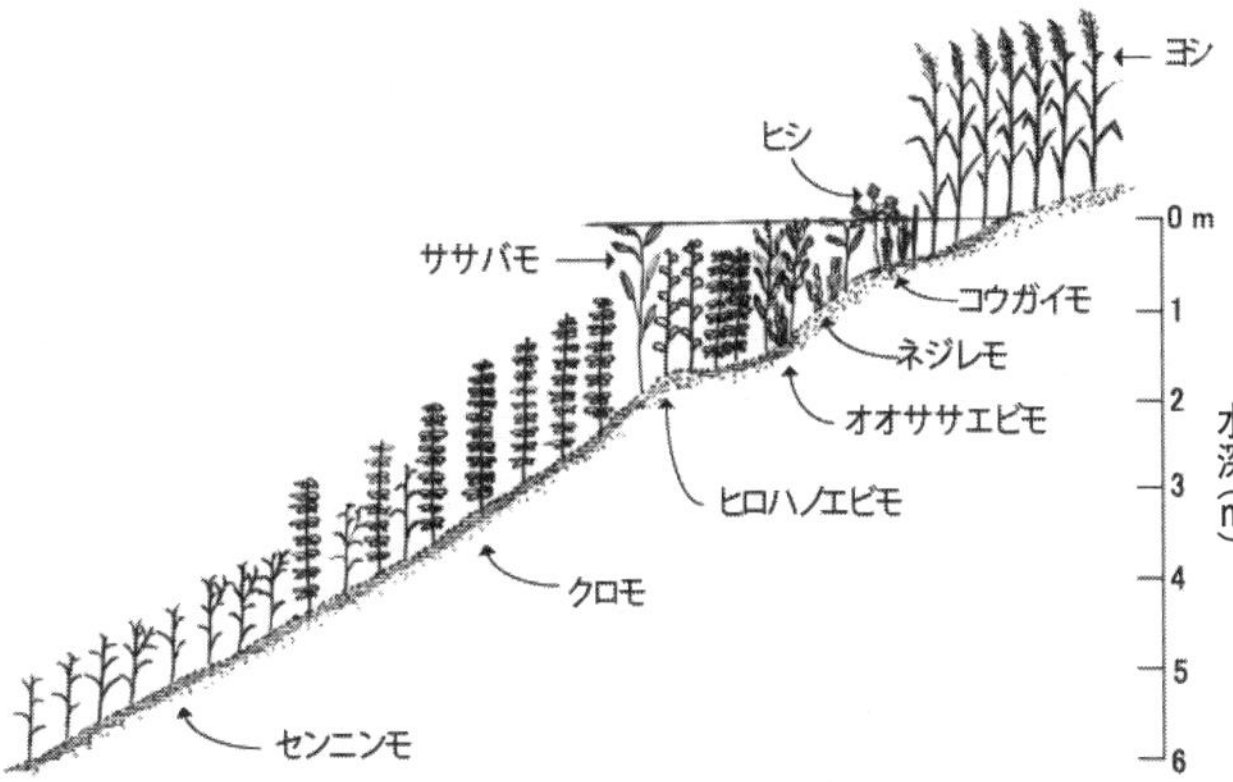

図 16-1　琵琶湖沿岸帯の湖岸断面図

に進行し、一九七七年には淡水赤潮が発生した。このことが県行政や県民に危機感をもたらし、その二年後の一九七九年には「琵琶湖条例（滋賀県琵琶湖の富栄養化の防止に関する条例）」が制定され、翌一九八〇年に施行されるに至った。

その結果、琵琶湖ではリンなどの栄養塩濃度の低下が進んだ。しかし、南湖の濁りやアオコは一九九〇年代の初めのころまでひどく、湖底から生える水草にとっては光不足であったので、水草が生育するのは汀線付近の浅い部分に限られていた。

大渇水と水草帯の回復

一九九四年の夏は晴天が続いた。このため琵琶湖では、水位計測が始まった一八七四年以降の水位観測史上最低となる低水位（マイナス一二三センチ）が記録された。その時期が生物活性の高い夏季であったことから、それを契機に浅い湖盆（平均水深三・五メートル）である南湖（湖面積五六平方キロメートル）を中心に水草が急激に広がった（図16－2）。

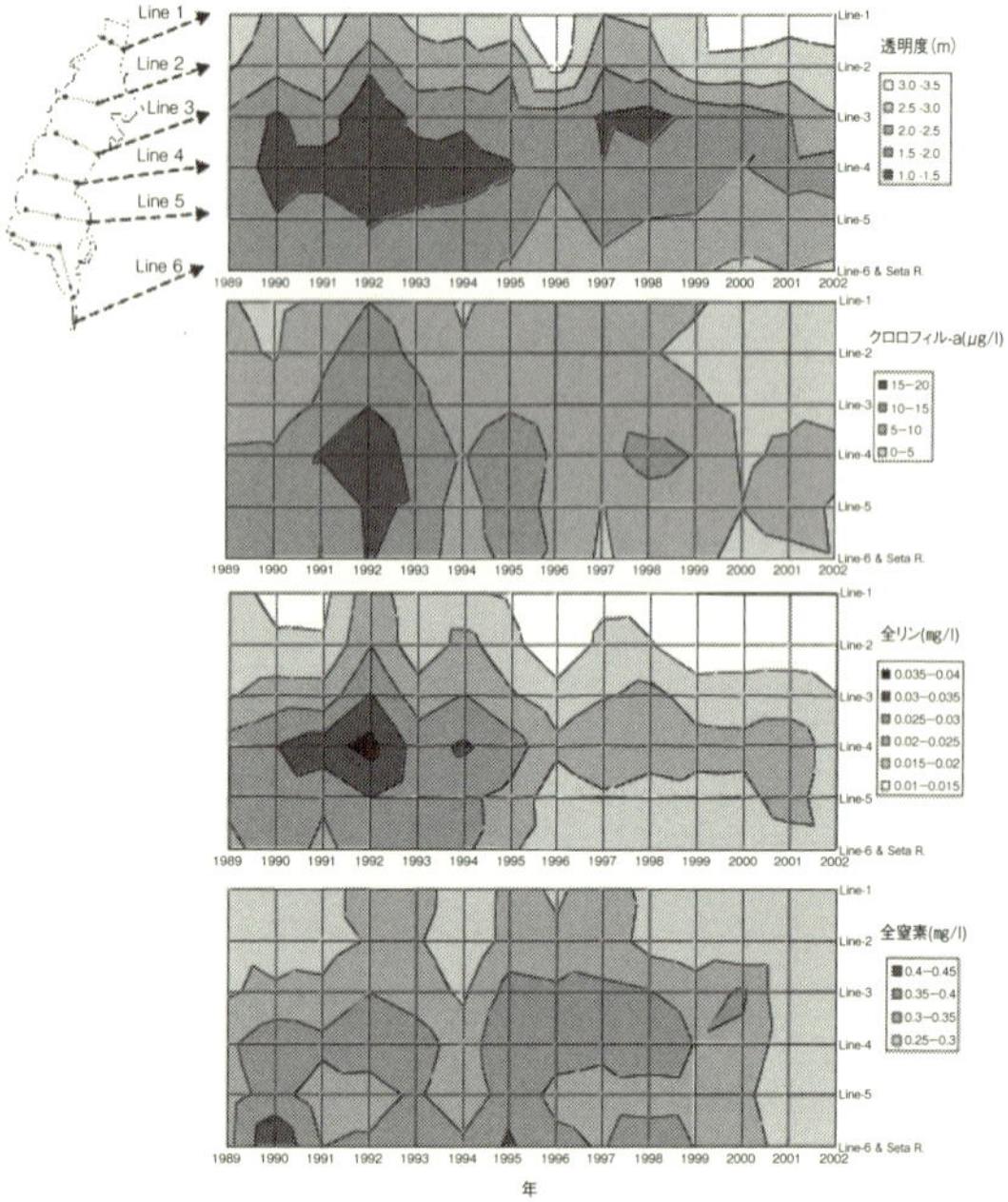

図 16-2 南湖における水質の経年変化
上から透明度、クロロフィル -a、全リン、全窒素の経年変化を示す。各図の横軸は年で、縦軸は上から調査測線 1 から 6 までの北から南への位置を示す。各測線の 3 地点（第二測線は 2 地点のみ）の平均値を示す。いずれも各年の水草が繁茂する 7 月から 10 月の平均値を用いている。色の濃～淡で水質が悪～良の状況を示している。1994 年から 1995 年頃にかけて水質の改善が顕著になっている。

さらにそれに匹敵する夏の低水位が二〇〇〇年にはマイナス九七センチ、二〇〇二年にはマイナス九九センチと続いたためか、水草帯の持続的な回復が続いた。このことによって、二〇〇二年には南湖の八五％が水草帯で覆われるようになり、二〇一〇年まではその状態が継続した（図16－3）。

図16-3　渇水後に水草が繁茂した浜大津付近（2000年10月13日撮影）。クロモやホザキノフサモが繁茂し、泳ぐ魚が見えるまでに透明度が高くなった。

この数字をもとに、南湖に生育する水草の面積を四八平方キロメートルと推定し、北湖についての推定値四一平方キロメートル（二〇〇〇年測定）と合わせると、琵琶湖面積（六七〇平方キロメートル）に占める現在の水草帯の割合は約一三％となる。これは陸側で沿岸帯として占める面積一〇％に近い値となり、汀線を挟んで同規模の沿岸帯が陸側と湖側とに存在したことになる。

水草帯の回復と南湖水質

こうした水草帯の回復に伴って、南湖の水質についても改善が進んだ。その一因には下水道の完備などによる効果があるとは思われるが、水質改善が一段と進み始めた時期が水草帯の回復とあまりにも一致していることから、水草帯における浄化機能の影響も無視できないと思われる。

水草帯の水質改善機構としては、水草群落が存在することによる底泥の巻き上げの減少、栄養塩をめぐる競争による植物プランクトン（特に藍藻）の増殖抑制、水草から放出されるアオコ制限物質などが考えられている。

なかでも興味深いのは、オランダの研究者のScheffer ら（2001）が提唱している「密度の高い水草群落が存在するとそこに動物プランクトンが多く生残でき、その採食により植物プランクトンの減少が起こる」という生物間の相互作用である。このように何らかの外的な要因によって、優先種の劇的な改変が短時間で生じる変化を「生態系レジームシフト」と呼んでいる。

水草の管理の危うさ

水草群落は、湖沼の水質や生態系を保全する上でも重要な存在であると考えられているが、航路障害や湖岸での水草漂着による悪臭発生などの問題解決のために、近年では水草の根こそぎ刈り取りが行われている。

私の研究室の学生の卒業研究の一環として、魚群探知機を用いた水草の分布調査を二〇一〇年から二〇一三年にかけて三回行った。その結果、水草帯が二〇一二年には二〇一〇年に比べ、三分の一程度にまで減少していることがわかった。滋賀県の「環境白書」に記載された南湖の透明度は、二〇一二年が二・二メートルしかなく二〇一一年の二・七メートルから五〇センチも悪化していた。このような透明度の低下が水草帯の減少によるのかどうかはまだ断定はできないが、水体に占める水草帯の体積割合が二〇％を越えると、水質改善効果を示すと言われており、二〇一二年にはそれを割り込んだのではないかと考えている。このように、水草帯の管理次第によっては、大渇水以前のアオコが大量に発生した水質状況に戻る可能性があると考えている。

17章　琵琶湖総合開発と水位調節

「日本列島改造」ブーム

二〇二〇年に日本で二回目の東京オリンピックが開催されることが決まった。大きな経済効果が期待されているが、思い起こされるのは一九六四年に開催された第1回東京オリンピックのことだ。

一九五四年から一九七三年まで続いた高度成長期に、都市用水の需要に供給が追いつかず各地で水不足に見舞われた。都市部では、地下水の過剰なくみ上げによって地盤沈下も進んだ。中でも一九六四年の大渇水では、五〇％の取水制限も行われた。この頃、内山田洋とクールファイブによる「東京砂漠」という歌がヒットした。

都市部の水事情を背景に、一九七二年五月に「琵琶湖総合開発特別措置法」（以下、措置法）が難産の末に可決された。興味深いのは、田中角栄がこの年の六月に「日本列島改造論」を発表し、七月には第一次田中内閣が成立したことである。

実は琵琶湖総合開発の推進も、田中角栄が深く関わっている。当時、この法案を国会で可決させるために、滋賀県出身の国会議員と県庁職員は夜駆け、朝駆けで田中角栄の自宅がある「目白御殿詣で」を行っていた。餅好きの田中角栄に、滋賀県から朝一番でつきたての餅を届けたというエピソードも語り継がれている。

こうして一九七二年十二月二十二日、内閣総理大臣田中角栄によって琵琶湖総合開発計画が正式に決定された。

田中角栄がめざしたもの

田中角栄は、著書『日本列島改造論』（日刊工業新聞社）の中で次のように述べている。

「水は低きに流れ、人は高きに集まる。……明治百年（昭和四十三年、一九六八年）をひとつのフシ目にして、都市集中のメリットは、いま明らかにデメリットに変わった。国民がいまなによりも求めているのは、過密と過疎の弊害の同時解消であり、美しく、住みよい国土で将来に不安なく、豊かに暮らしていけることである。そのためには都市集中の奔流を大胆に転換して、民族の活力と日本経済のたくましい余力を日本列島の全域に向けて展開することである。工業の全国的な再配置と知識集約化、全国新幹線と高速自動車道の建設、情報通信網のネットワークの形成などをテコにして、都市と農村、表日本と裏日本の格差は必ずなくすことができる。……また、ひらかれた国際経済社会のなかで、日本が平和に生き、国際協調の道を歩きつづけられるかどうかは、国内の産業構造と地域構造の積極的な改革にかかっているといえよう。その意味で、日本列島の改造こそは今後の内政のいちばん重要な課題である。私は産業と文化と自然が融和した地域社会を全国土におし広め、すべての地域の人びとが自分たちの郷里に誇りをもって生活できる日本社会の実現に全力を傾けたい」

田中角栄の政策が良かったかどうかは意見の分かれるところであるが、日本列島改造という大事業は、明治以降の中央集権化した日本の政治体制の中で、いかにして過疎化していく地方へ予算を回すか、という一つの有効な手段として効果的だったのは確かだろう。

一方で、それ以降も続いた多くの公共工事によって地方の山河は開削され続け、わが国固有の自然環境が破壊されたことも事実である。国土を改造することによって享受できた豊かな生活と、その後のバブル崩壊につながる人間社会の悲哀とを天秤にかけるとき、物質的に得るものと失うものという利害だけでなく、人間が生きていくうえで何が最も大切なのかという問いかけを真摯に継続すべきではないのかと思われる。

二十五年かけた大事業

一九七〇年代に都市から地方へ、開発の比重を移していくことの象徴の一つとして「琵琶湖総合開発」は位置づけられる。措置法の第一条（目的）には、「この法律は、琵琶湖の自然環境の保全と汚濁した水質の回復を図りつつ、その水資源の利用と関係住民の福祉とをあわせ増進するため、琵琶湖総合開発計画を策定し、その実施を推進する等特別の措置を講ずることにより、近畿圏の健全な発展に寄与することを目的とする」と書かれている。

一九七二年から一九八一年にかけての十年間で四二六六億円の事業費で始まった開発事業だったが、一九八二年に事業変更と十年間の期間延長がなされ、一九九二年にはさらに五年間延長され、実に二十五年間で総事業費約一兆九〇〇〇億円もの経費を費やして一九九七年に終了した。

事業としては、基準水位プラス三〇センチ、利用最低水位マイナス一・五メートル、計画最高水位プラス一・四メートルとして、最大毎秒四〇立方メートルの水供給を可能にした。また、流域・公共下水道の整備、土地改良の実施、湖周道路の建設、洪水対策などを実施した。

この間、一九七三年と一九七九年に石油ショックがあり、社会システムが変わったため、都市域における工業用淡水補給量が減少するようになってきた。さらに、琵琶湖の環境保全を求めて、一九七六年には「琵琶湖総合開発計画工事差止請求訴訟（びわ湖訴訟）」が提出された。関連した訴訟は六件に及んだが、一九八九年に被告側（水資源公団、国、滋賀県、大阪府）の全面勝訴で結審している。

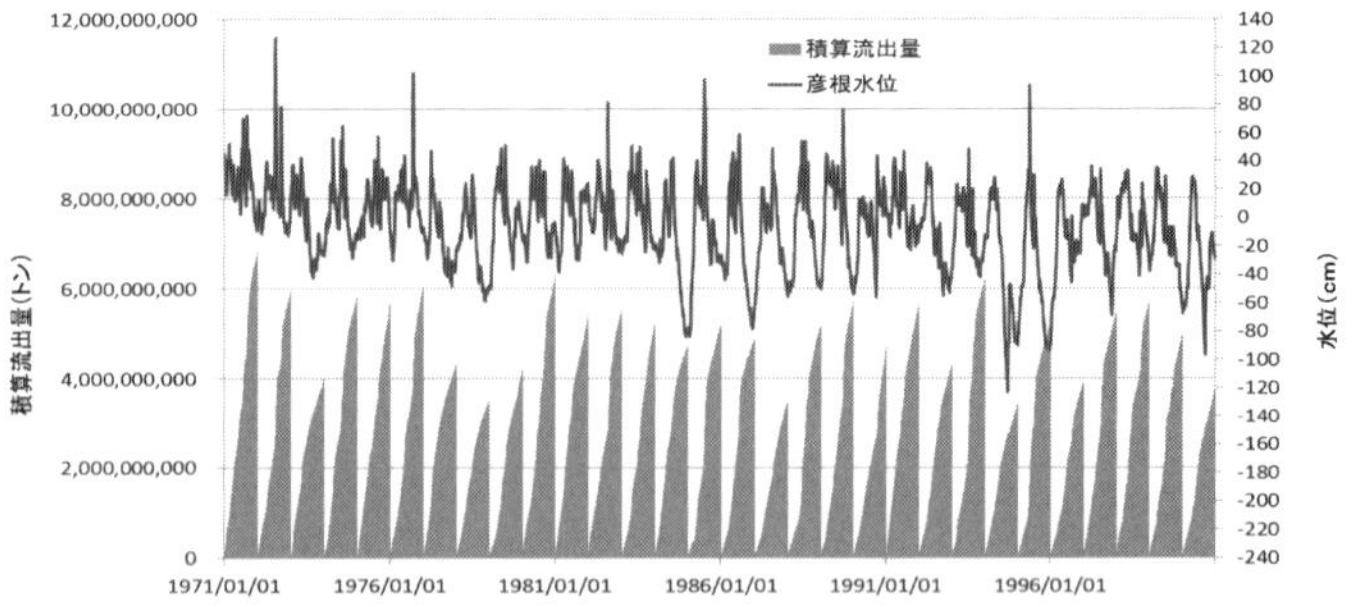

図 17-1 琵琶湖における積算流出量と彦根における水位変動の経年変化（国土交通省のデータ）。

マイナス一・二三メートル

グラフに示すように、一九七一年から二〇〇〇年までの総流出量（瀬田川、宇治発電、京都疏水の総和）は、年間六〇億トンから三〇億トンの間で変化している（図17－1）。この間の最低水位は、彦根で一九九四年にマイナス一・二三メートルに達した（図17－2）。

この年は、彦根における年降水量が一一三七ミリと極端に少なかったことが原因であるが、この結果、琵琶湖北湖の透明度が高くなり、大量の水草が発生することになったことは、先の章でも述べた。その後、流れ藻となって南湖に漂着したため、現在ではほぼ全域にわたって水草が優占する状況になっている。このことはアオコを形成する植物プランクトンやユスリカの減少をもたらしたが、一方で漁業や船舶の航行に支障をもたらし、また腐敗した水草が悪臭問題を引き起こしている。

琵琶湖の水位は、一九九一年までは出水時ゼロ水位付近に保つようにしていたが、一九九二年以降、五月中旬には水位がマイナス〇・二～〇・三メートルとなるように変更された。しかし、この時期にコイやフナが産卵することから卵の干出死を避けるために、国土交通省は下げすぎないような水位調節を二〇〇三年から試行している。

図17-2　干上がったエリ
1994年9月15日、琵琶湖の水位はマイナス1.23メートルを記録した（滋賀民報社撮影）。

　このような操作が現実的にどの程度効果的かは確かではないが、琵琶湖の漁獲量は一九八〇年代後半から劇的に減少したままなので、別の問題があるように思われる。特に、この時期に急激に起こった琵琶湖の水温上昇について十分な考察が必要である。琵琶湖を取り巻く環境は、長期的なトレンドをもって変化しているので、それを無視した対策は無駄なのかもしれない。

図 17-3　湖岸道路（草津市）

湖周道路

「琵琶湖総合開発計画」18事業の中でも、湖周道路の建設と下水道整備の予算が突出していた。湖周道路は、全長一二八キロメートルの道路を新たに建設し、一九九七年に全面開通した。湖へのアクセスは格段と容易になり、観光や運輸の利便性が高まったが、一九五八年当時二〇〇ヘクタールあったヨシ群落が、内湖の埋め立てや大規模な湖岸工事で、一九九一年には一三〇ヘクタールにまで減少した。このことによって、生態系を含めた琵琶湖の自然環境は後戻りできない状態へと変わってしまった。

18章　内湖の消失と再生

内湖の出現と消失

内湖とは、琵琶湖外周に点在し、水路で琵琶湖と直接つながった小水域の総称である。内湖はもともと琵琶湖の一部であった。

琵琶湖の浅い入り江の湾口に砂州が干出し、次第に陸地化することによって数多くの内湖が誕生した。琵琶湖には大小合わせて四〇〇本以上の河川が流入するが、湖水の流出口は瀬田川しかない。そのため、湖辺住民は、大雨が降るたびに洪水被害に悩まされてきた。治水対策として、一九〇〇年に瀬田川の排水機能を高める改修工事が開始され、その五年後に、水位調整を目的とした南郷洗堰が完成した。

この可動堰建設に伴う恒常的な水位低下は、琵琶湖と内湖の水位差をもたらし、水郷地帯の主要な交通手段であった田舟の往来を妨げることによって、湖辺住民の暮らしに大きな影響を及ぼすこととなった。

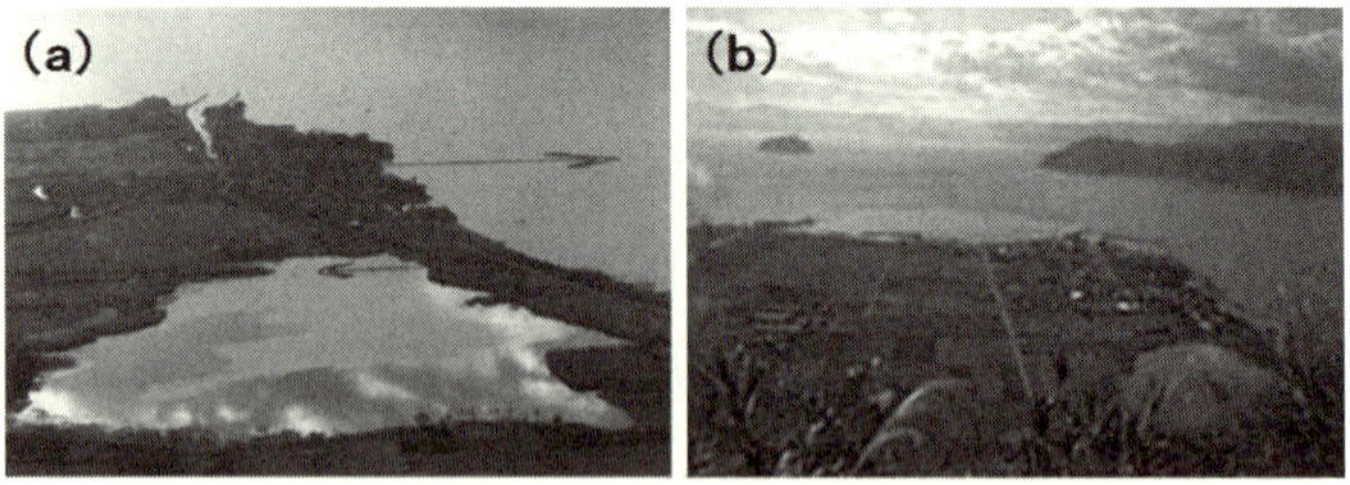

図 18-1　干拓以前（a）と現在（b）の野田沼内湖（湖北）
（（a）の撮影：前野隆資氏、画像提供：琵琶湖博物館）

図 18-2　琵琶湖に現存する内湖
（西野・浜端　2005 を改変）

時がくだって、第二次世界大戦に突入すると、食糧難を背景として、内湖の干拓事業が開始されることとなる。水深が浅く塩害の心配のない内湖は、干拓後の作付けが容易な優良農地とみなされた（図18—1）。

この昭和の干拓事業により、一九四〇年に二九〇三ヘクタールあった内湖の総面積は現在、四二九ヘクタール、実に七分の一にまで縮小した。現存する内湖は、二三を数えるに過ぎない（図18—2）。これらの内湖の多くは、人為的な環境改変が著しい（図18—3）。

図 18-3　湖西に位置する堅田内湖
京都や大阪のベッドタウンとして湖辺まで宅地が迫っている。

人と自然の共生社会

かつての内湖は、湖辺集落の生業や暮らしと密接に関わっていた。湖水は灌漑に利用され、産卵に訪れる大量の湖魚は人々の胃袋を満たし、風波の穏やかな湖岸に広がるヨシ原はすだれや屋根など家屋材として有効利用された（図18—4）。

内湖は人間社会だけでなく、琵琶湖の生態系にとっても重要な役割を担っている。集落の生活・農業排水は、琵琶湖に直接流れ込むことなく、いったん内湖に溜められた。排水に含まれる栄養分がプランクトンに取り込まれ、内湖に沈殿することによって、琵琶湖に流出する水は清浄に保たれていた。

図 18-4 現存する内湖で最大の面積を誇る西の湖（a）とかつてのヨシ刈り風景（b）（(b) の撮影：前野隆資氏、画像提供：琵琶湖博物館）

湖底の栄養分を吸収して繁茂した内湖の水草やヨシは、湖魚の産卵場として利用されたほか、孵化した小魚たちの餌となるプランクトンを育み、そして魚たちの隠れ家を提供した。

生き物でにぎわう内湖と共に暮らす人々は、自然を賢く利用する伝統知を培っていた。化学肥料が普及する以前、浅い内湖に繁茂する沈水植物は貴重な農業資材として、田畑の肥やしに利用された。藻採りをめぐる争いが隣接する集落間で生じるたびに、その公正な利用に関する取り決めも交わされた。

半農半漁を営む湖辺集落の人々にとって、湖魚の産卵に利用される水草帯は貴重な水産増殖の場でもあった。魚の産卵時期に肥料用の藻採りを制限する決まり事が設けられ、水産資源の保護が図られた。生業や生活の糧として利用価値の高い内湖は、湖辺集落の「コモンズ（共有地）」として機能した。内湖を取り巻く過去の景観から、自然と共生する循環社会の姿を見ることができる。

生態系サービス

私たちが生態系から享受する自然の恩恵のことを「生態系サービス」と呼んでいる。人間社会において、サービスの受益者はその対価をサービスの提供者に支払わねばならない。それに対して、「生態系サービス」は自然が無償で提供してくれる。

たとえば、農業用水や魚介類などの物質供給サービス、水の比熱効果によって周辺の暑さや寒さを緩和する気温調節サービス、有機物を分解し水質を浄化する基盤サービス、水遊び、祭り事、文学や絵画など娯楽や癒しを与えてくれる文化的サービスなどがあげられる。

このように内湖は、私たちにさまざまなサービスを提供してくれる。無償サービスであるが故に、その恩恵を日常的に意識することはないが、内湖を失って初めてその有難さに気づかされることも多い。

内湖の水質浄化の働きを例に挙げてみよう。内湖が干拓されることによって逸失した浄化機能を技術で補うとしたらいくらかかるだろう？　水質を浄化する処理施設を建設し、それを維持するには巨額の費用がかかる。

たとえば、滋賀県の下水道事業の年間予算（二〇一一年度）は約二二〇億円である。これ

図 18-5　内湖の植生を活かした水質浄化パイロット事業（志那中内湖）。

らの経費は税金から支払われることになる。内湖が失われることで下水処理場を整備しなければならず、私たちは知らず知らずのうちにそのコストを負担しているというわけだ。

内湖のつながり再生に向けて

内湖を埋めてしまうのは容易だが、それを再生するのは簡単ではない。まず、内湖という共有地が農地として私有化されたことにより、内湖を元に戻す大前提として土地所有者の返還合意が必要となる。さらに、干拓地を湛水することにより、周辺住宅地の洪水リスクが高まることも危惧される。また、湛水後しばらくは、農地土壌に由来する高濁度・高栄養な水が琵琶湖へ流出し、富栄養化を招く恐れもある。内湖再生に向けて、解決すべき課題は多い。

まずは、現存する内湖を対象として、本来の生態系サービスを最大限に引き出す環境修復を実施するのがよいだろう（図18－5）。また、琵琶湖の生物多様性を保全するには、琵琶湖と内湖のつながりを再生し、在来生物の産卵場や生育場としての機能を高めることも有効である。

しかし、琵琶湖と内湖の連絡水路を人工的に造成することによって、単に「物理的なつながり」を再生すればよいというわけではない。連絡水路の形状や管理の仕方は、魚たちによる琵琶湖から内湖への産卵遡上に影響することが、筆者らの調査によって明らかとなっている（図18－6）。

図18-6 琵琶湖と内湖を結ぶ水路。
平湖（a)、曽根沼（b)、五反田沼（c)、柳平湖（d)

たとえば、平湖は目と鼻の先で琵琶湖につながるが、灌漑用の樋門や堰板が在来魚の産卵遡上の障壁となっている（図18－6a）。曽根沼では、コンクリート三面張りの水路が琵琶湖まで直線的に延びている（図18－6b）。魚の遡上に何ら障壁はないが、この水路を利用して内湖に侵入してくるのは、主に、オオクチバスやブルーギルである。在来のフナ類は、むしろ、五反田沼のような細い手掘り水路を好んで産卵遡上するようだ（図18－６ｃ）。しかし、このような水路も管理を怠ると、柳平湖のように、すぐさま水生植物が繁茂して魚の産卵遡上の妨げとなる（図18－６ｄ）。

内湖のみならず水路もまた、かつては湖辺集落の共有地として人の手により維持されていた。近所づきあいが希薄となった昨今、内湖や水路の管理はもっぱら行政の仕事となっている。これも税金によって賄われている。

かつての内湖では、人のつながりが水のつながりを創り出し、琵琶湖の生き物の多様性が育まれていた。内湖のつながりを再生するには、生き物たちの生態や生活史を知ると同時に、それらを利用する地域住民の暮らしの知恵を学ぶことによって、人と自然のつながりについて考えることから始めてみるのがよいかもしれない。

内湖のお値段

アメリカの環境経済学者コスタンザは、さまざまな生態系から得られるサービスを貨幣価値に換算することを試みた。彼の試算によると、内湖のような湿地生態系のもつ価値は一ヘクタール当たり年間およそ二三五万円となる（一万九五八〇ドル、一ドル＝一二〇円で計算）。単純に、現在の琵琶湖にある内湖の総面積を乗ずると、その貨幣価値は一〇億円以上になる。一方、農地は、農作物収入や地価を除いた公共的な価値で評価すると、一ヘクタール当たり一万円（九二ドル）かそこらにしかならない。滋賀県の耕作面積五万三三〇〇ヘクタールをすべて足し合わせても六億円に満たない。他方、農地として干拓され消失してしまった内湖は、じつに五八億円以上の価値を有していたと試算される。

生態系サービスの計算は、仮定の置き方次第で経済価がいかようにも変化するので客観性に欠けるという批判がある。生態系サービスの経済評価で扱えるのは、普遍的な価値をもつ計量可能なサービスのみである。

地域の風土に根ざした文化的サービスの価値をお金に換算することは難しい。地域固有の文化や伝統、それらを継承するコミュニティのつながりがあってはじめて、人類の福利(Human well-being）が成り立つことを考えると、内湖の価値はプライスレス（値段のつけようがない）と言えよう。

19章　湖底の酸素濃度低下

溶存酸素濃度

琵琶湖における年最低溶存酸素濃度は、近年急速に低下している（図19－1）。これには、富栄養化と地球温暖化の両方が影響していると言われている。一九八〇年代までの溶存酸素濃度の減少は、主に富栄養化が原因である。つまり、集水域からの過剰な栄養塩の流入で大量に発生した植物プランクトンが湖底に沈降し、分解する過程で水中の溶存酸素が消費されたのである。

ところが一九八五年以降は、溶存酸素濃度が大きく変動するようになる。水一リットル中の溶存酸素量が二mg以下となる状態がしばしば見られる。この数値は、水産学上、魚類の生息下限と言われている。

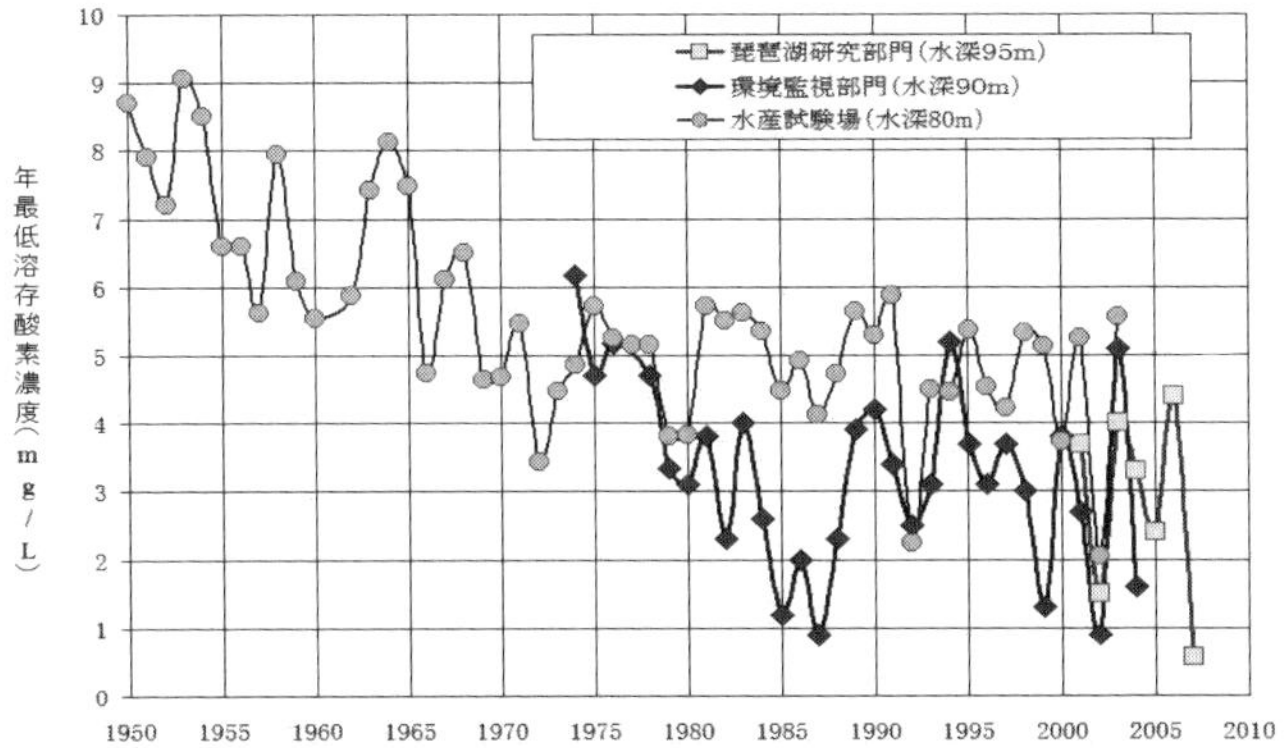

図 19-1 琵琶湖北湖における年最低溶存酸素濃度の経年変化。1960 年頃より低下が始まっている。

気温の上昇で

近年における溶存酸素濃度の低下には地球温暖化が影響しており、それには次の二つの要因が考えられる。

一つは冬季の気温上昇による鉛直循環（上下に水が入れ替わる作用）の弱体化である。つまり、溶存酸素濃度の高い表面水が、湖底に十分に供給されない場合が発生したのだ。というのは、深層水の交換には冬季の気象要因が大きな影響を持つからである。

もう一つは、夏季の気温上昇である。これは水中の水温成層を強化するので、湖底付近の水が停滞し上下に混合しにくくなる。このことによって、上層から下層への酸素輸送が低下し、底泥による酸素消費量が上回るようになる。

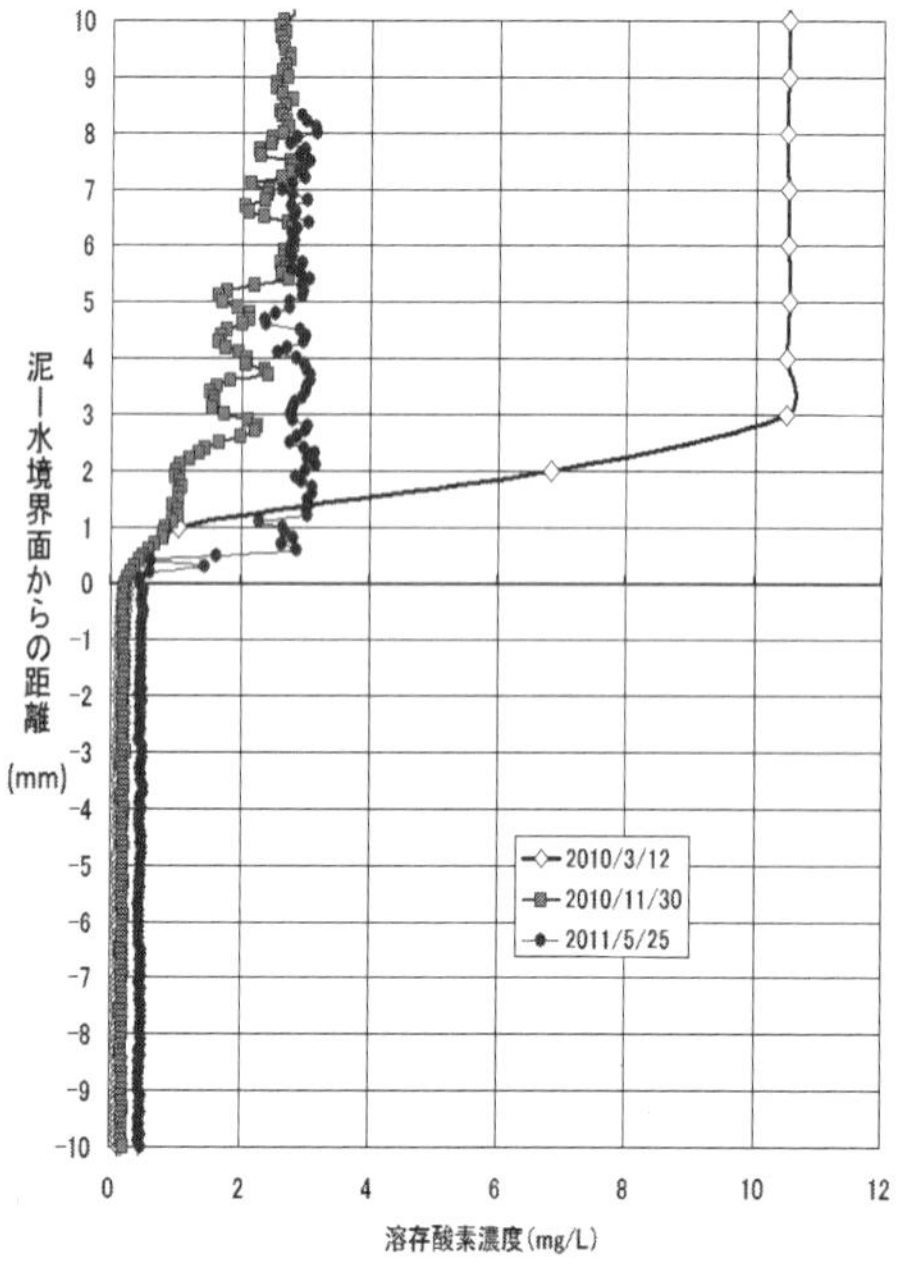

図 19-2 琵琶湖の湖泥中の溶存酸素濃度
北湖水深 90 メートルで測定した底泥中の溶存酸素濃度は、3 月、11 月、翌年 5 月と季節に関係なくゼロであった。

いずれの場合も、深水層の環境は悪化の方向にシフトする。溶存酸素がなくなることで、湖底泥から重金属の溶出や底生生物の大量死を引き起こすのだ。

このように溶存酸素濃度が低い水塊のことを「デッドゾーン」と呼んでおり、今、世界中の湖沼や沿岸海洋で問題となっている（Diaz and Rosenberg 2008）。

深刻な湖底

湖底に貯まった泥の中の状態はどうなっているのだろうか。

琵琶湖の北湖における底泥中の溶存酸素濃度を、マイクロセンサーを用いて詳細に計測した。すると、水と泥の境界部分が二ミリから三ミリの厚さであることがわかった（図19－2）。これは水と泥が混在する層で、この中では溶存酸素消費速度が非常に大きい。この層の下の泥中では、一年中無酸素状態である。

つまり、冬季に水中の溶存酸素濃度が回復しても、泥の中まで酸素が供給されることはほとんどない。こうしていったん有機物が湖底に貯まると、無酸素状態を回復することは容易ではない。特に琵琶湖のように深い湖では深刻である。

図19-3 故・岡本巌（滋賀大学名誉教授）

琵琶湖の深呼吸

滋賀大学教育学部の教授だった岡本巌（故人）は、冬季の酸素供給のことを「琵琶湖の深呼吸」と呼んだ。岡本の回顧録には、次のような逸話が残っている。

「昔、私が『湖沼学』という授業科目を担当していたとき、講義のなかでこの言葉を使った。『昨夜の寒波で琵琶湖は深呼吸したはずだ』とね。間もなくマスコミが『深呼吸』『深呼吸』と言い出し、たちまち一種のはやり言葉になってしまった。寒くなって湖面が冷えると重くなって沈み、代わりに下の方からやや酸素量の少ない水が浮上してきて大気に接する。これをくり返すうち、対流はついに湖底に達し、深呼吸となる。

それ以外に、二つほどある。その一つは『密度流』だ。冷却期になると浅い沿岸のほうがよく冷えて密度が大きくなり、湖底に潜って湖底斜面を流れ下る。密度差によって生ずるので密度流と呼んでいる。もう一つは、『鉛直循環流』だ。冬の季節風は北西~西風。水は東岸へ吹き寄せられて水位が上昇、水圧が増す。すると東から西へ向かう水圧勾配が形成されて、下の方では東から西へ向かう流れが生じる。こうして湖底にたまった水が湧昇する。このように、いろいろの流れが組合わさって、琵琶湖は深呼吸している」

20章　生態系の変化

環境と生物の相互作用

生態系とは何か。

古典的な教科書では「生物とそれを取り巻く環境の相互作用（interactions between organisms and thier environments）」と定義されている。つまり生態系という特定の対象があるわけではなく、生物と環境が作り出すある種のバランスを明らかにする学問だということになる。したがって、生物の種類が変われば環境も変わるし、逆に環境が変わればそこに住む生物も変わることになる。

「何がよくて何が悪いのか」という禅問答的なやり取りをするわけではないが、おおよそこの世の中で絶対的に生存が保障されている生物は存在しない。一億年も地球上で繁栄したあの恐竜でさえ、現在は絶滅している。人類が不変不滅であるというのは幻想に過ぎない。当然、終了するときがやってくる。

その時にどう対処するのかという問いかけは、ＳＦ小説やＳＦ映画の世界でしかない。なぜならば、私たちは「現在《いま》」という瞬間（地球の歴史から見れば瞬間）をきわめて真面目に必死になって生きざるを得ないからである。それが生存するということの意味である。

琵琶湖の環境が激変

さて、琵琶湖の話をしよう。過去五十年間で琵琶湖の環境は激変した。それは日本という国の形態が戦後大きく変わったことにも起因している。

経済も発展し、人口も増えた。生産性を向上させるために、湖岸の埋め立てや養殖や放流など環境を大きく改変してきた。地域的な変化だけでなく、温暖化という地球規模での大きな変化もあった。それらの一つ一つが、琵琶湖という閉鎖性空間を変えてきた。

アユとイサザの変化

最も大きな生態系の変化は、アユとイサザの変化だろう。一九六〇年代後半からアユの漁獲量が急激に増えてきた（図20－１）。これは稚魚の放流や人工河川による産卵などが影響している。

一方、アユの漁獲量の増加に反比例するかのようにイサザの漁獲量が激減する。アユとイサザは、もともと同じ種類の動物プランクトンを摂取していた。ヤマトヒゲナガケンミジンコという長い名前の動物プランクトンである。アユの現存量が増えることで、イサザが食性を変化させたといわれている。こうしてイサザは琵琶湖の湖底に生息するアナンデールヨコエビを食べるようになる。

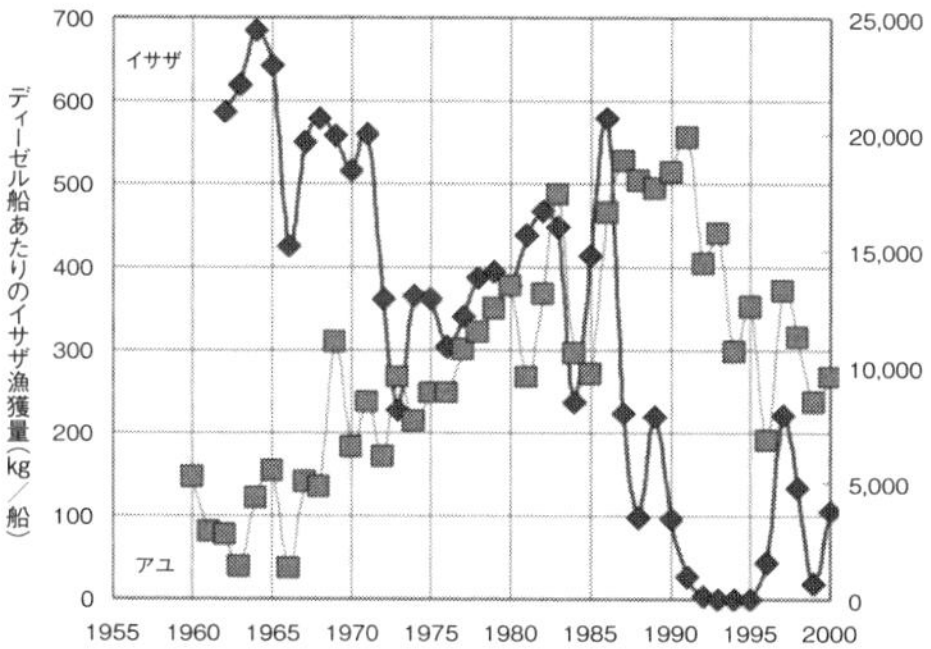

図 20-1　琵琶湖におけるアユとイサザの漁獲量の変化。アユの漁獲量の増加に反比例するようにイサザの漁獲量が激減している。

水温上昇が原因か

この結果一九七〇年代になると、棲み分けが成立したかのように見えた。しかし一九九〇年代になると、アユもイサザもとれなくなる。琵琶湖総合開発に伴う湖岸の改変とかさまざまなことが要因として挙げられているが、最も大きいのは水温の上昇ではないかと私は考えている。

というのは一九九〇年代になると急激にビワオオウズムシが増えてくるからである。湖底に住むヒルのような形をしたこの生物は、一時期、絶滅危惧種であると言われていた。ところが、今は大量に存在している。いったい何が起こったのだろうか。

琵琶湖は人間の生存を映す「鏡」

実は一九九〇年代以降に、琵琶湖の湖底泥中に含まれるカブトミジンコの休眠卵が激減しているという事実がある。つまり、この頃から冬季にミジンコが休眠卵を作らなくなっているのだ（槻木・占部 2009）。

これは湖が暖かくなっている証拠でもある。水の循環や地殻活動の活発化など、さまざまな要因が考えられるが、確かに琵琶湖の生態系はこの百年間で大きく変化し始めている。一九六〇年代から一九八〇年代にかけての富栄養化という人為的ストレスと、一九九〇年代から最近にかけての地球温暖化によるストレスが、湖の環境を大きく変え、そこに住む生物を変えてきた。

このような証拠を眺めてみると、きっと何かを私たちに伝えているに違いないと思う。しかし、その真実を明らかにするにはまだ何かピースが足りない気がする。それを明らかにするには大胆な仮説と緻密な検証が必要である。琵琶湖は人間の生存を映す「鏡」である。そこに映る過去から現在に至る変化の写像から学ぶべきことは多い。

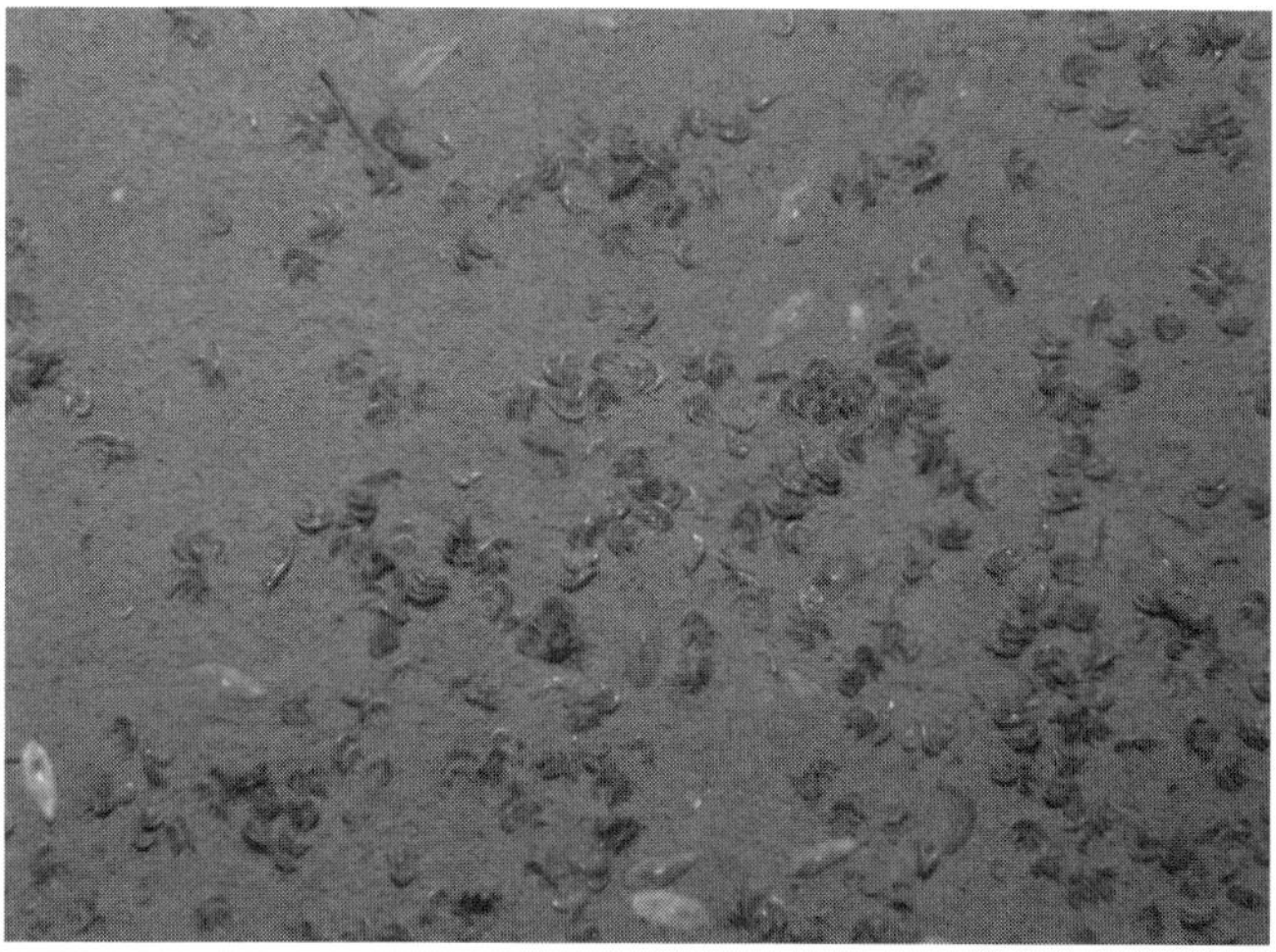

図20-2「淡探」が撮影した湖底。湖底にアナンデールヨコエビ、ビワオオウズムシがうじゃうじゃと……

数十万年前の生物が密集！

上図は自律型潜水ロボット「淡探《たんたん》」が、二〇〇六年八月二十五日に琵琶湖最深部で撮影した湖底生物の写真である。横四〇㎝×縦三〇cmの狭い画像の中に、アナンデールヨコエビが三五六匹、ビワオオウズムシが二四匹も映っている（図20−2）。

これらは共に琵琶湖の固有種であり、数十万年生き延びているが、このように高密度で発見されたことはこれまでない。これらの生物を支える食べ物はどこから供給されているのだろうか。そして、湖底でいったい何が起こっているのだろうか。

21章　琵琶湖のエネルギー

福島第一原発事故

二〇一一年三月十一日に発生した東北地方太平洋沖地震によって、福島第一原発が被災した。当初、多くの原子力の専門家がメルトダウンはしていないだろうと述べていた。しかし、現実には1号機から3号機までがメルトダウンし、現在でも深刻な放射能汚染が発生している。厄介なことに、溶融した炉心近くの状況は依然不明で、何が正しい情報なのかさえ把握しがたいのが現状だ。専門家が完全にはあてにならない顕著な事例だ。

地球温暖化の影響

その後、日本各地で反原発運動が起こり原発の再稼働停止と再生可能エネルギーへの転換を求める活動が続いている。最近では、小泉元首相が脱原発を熱心に提唱している。確かに、人類が完全には制御できない原子力発電に依存せざるを得ない社会構造そのものに欠陥がある。

一方で、再生可能エネルギーへの転換も容易ではない。たとえば、太陽光パネルを作る際にかかる経費や使用するエネルギーは決して小さいものではないし、仮に稼働できたとしても賄える総エネルギーは、わが国で必要な電力の一〇％程度に過ぎないだろう。

さらに問題なのは、地球温暖化の深刻化である。海面水温の上昇は大規模低気圧の発生を加速させており、気候の不安定化を深刻にしている。大陸の加熱はボディブローのように自然環境を変えてきている。

たとえば、シベリアにある永久凍土の溶解は大量の溶存有機物の流出をもたらし、日本海やオホーツク海の水質や海底を変えつつある。また、地殻の膨張や縮小が大規模地震を誘発している可能性も指摘されている。

琵琶湖水温の上昇

琵琶湖も例外ではない。琵琶湖北湖に注がれる太陽の年間全天日射量は、約$6\cdot8\times10^{14}$キロカロリーである。これは、電力量に直すと約$7\cdot9\times10^{11}$キロワット時となり、滋賀県で年間に使用する電力量$1\cdot25\times10^{10}$キロワット時（二〇〇二年実績）の約六〇倍に値する。また、日本における全発電力量の七八％にも達する。驚くほど多くのエネルギーが、太陽から琵琶湖に注がれていることになる。

図 21-1　太陽エネルギーが注がれる琵琶湖（大津市）

こうして琵琶湖に取り込まれた太陽エネルギーのほとんどは、湖水を温めるために使われる（図21－1）。大気から湖水に入る年間の熱エネルギーは3・05×10^{14}キロカロリーで、湖水から大気へ出る年間の熱エネルギーは3・03×10^{14}キロカロリーである。したがって、琵琶湖に注がれる全天日射量の約四五％が正味の水温上昇として使われることになる（図21－2）。

加熱と冷却の間に少し差があるのは、湖が少しずつ暖まってきていることを示している。実際、琵琶湖内に蓄積した熱量は5・5×10^{13}キロカロリーであり、その結果、水温は約二・〇℃上昇している。これは過去二十五年間における滋賀県の平均気温上昇とほとんど同じであり、琵琶湖の水温変化が地球温暖化傾向と同調していることを裏づけている。

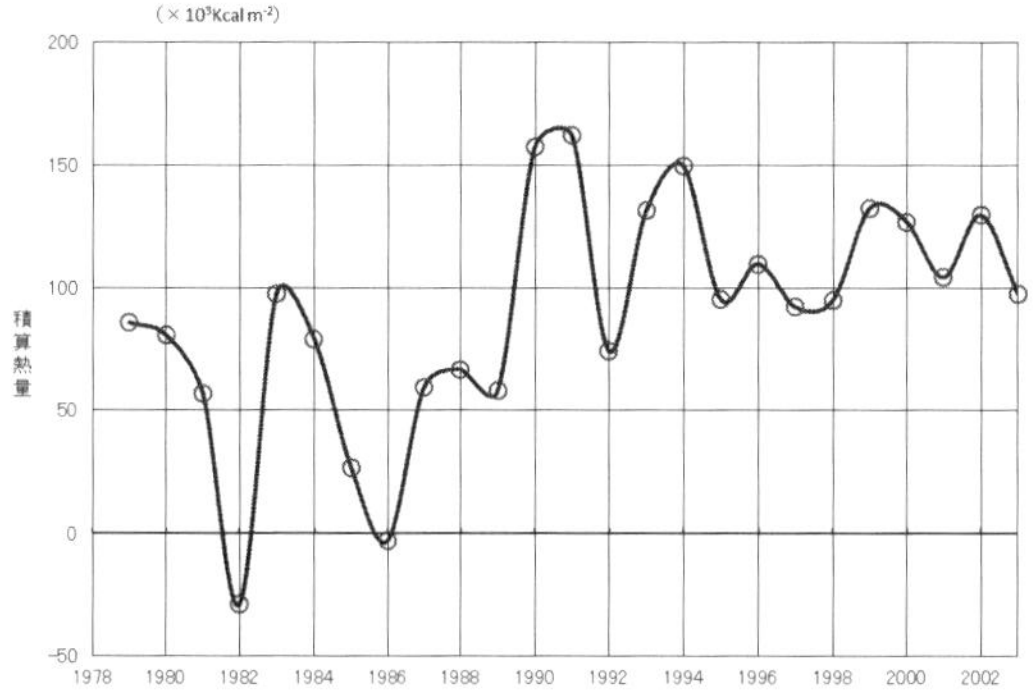

図21-2　琵琶湖に蓄積された熱エネルギーの変化

エネルギーの利用

琵琶湖に存在するエネルギーで利用が可能なのは、位置エネルギーと運動エネルギーである。夏になると、水面近くが暖まるが、湖底は冷たい。この温度差を利用して発電する方法がある。水蒸気を含んだアンモニアガスを沸騰させてタービンを回す温度差発電と呼ばれる発電方式は、南太平洋やインドなどで実用化が試みられている。

琵琶湖の環流

一方、水平の圧力勾配と地球自転の偏向力（コリオリ力）がバランスして回転する環流も存在する。春から秋にかけて、琵琶湖には三つの環流が形成される。北から第一環流（左回り）、第二環流（右回り）、第三環流（左回り）と呼ばれる（口絵12）。これらは神戸海洋気象台によって一九二五年に発見された。当時は大きなニュースとして新聞の一面を飾ったらしい。

その後、新しい技術を用いた計測が可能になり、西岸の安曇川から東岸の新海浜に向けて強いジェット流が存在することもわかってきた。また、冬季には逆回りの環流が存在することも観測されている。

こうした環流は水中の台風のようなものである。このような流れを地衡流渦と呼んでおり、この運動エネルギーを用いて発電しようというアイデアもある。

地球規模の技術開発

原発や化石燃料の利用を可能な限り軽減させ自然のエネルギーを利用するとしたら、太陽エネルギーが集約される自然現象を活用するほうがよい。私はこれを自然エネルギーレンズと呼んでいる。そして地衡流渦を利用する発電を、地衡力発電（Geostrophic Power Station）と呼ぶ。直径一〇キロメートルほどの人工湖を用いた発電所が世界中にあっても悪くないだろう。何しろ一〇〇％自然のエネルギーを使うのだから。

もっと進めば、台風の制御も可能になるかもしれない。原発に依存しない社会を作るためにも、こうした地球規模での技術開発の実現は欠かせない。

22章　琵琶湖を守っていくために

三十年の調査研究

さて、これから琵琶湖をどう守っていくのか。そして、地球規模の環境保全にどう貢献するのか。これが本論のテーマである。

琵琶湖に対しては、それぞれの人が異なった思いをもっているので、まとめにくいテーマでもある。しかし、三十年間にわたって琵琶湖の調査研究を行ってきた者として、自分なりの思いを綴ってみたいと思う。

自然に対する思い

私たちは、自然と親しく向き合うときに、どうしても特定の感情をもって接してしまう。これは、親しい人や動物との付き合いにも似ている。端的に表現するならば、一種の感情移入と言ってもよいだろう。しかし、それが時としてクールな視点を曇らせたりもする。相手がかけがえのない存在であればあるほど、冷静な見方が必要なのかもしれない。
ちょうど医師が病人と接するときに、個人的な感情を交えないで客観的な事実から最適な処置を行うように。これは医療の基本であろう。もちろんそこには判断ミスもあるのかもしれない。しかし、そのときどきの最善を尽くすということしかない。

琵琶湖の保全とは

琵琶湖を考えた時に、人間の手が非常に多くかかわった湖であることを忘れてはならない。特に近年における栽培漁業や土木工事、外来種の導入などがそうだ。そういう意味で琵琶湖はすでに完全無垢な自然ではない。そのような人間との結びつきが強い湖を保全するということは、何を意味するのだろうか。

昔は湖の水を直接に飲み、また炊事や洗濯に使ってきた。同じことを求めるのか。今や、下水処理水が直接湖に流入している。その中には処理しきれなかった抗生物質やウイルスも存在している。そのまま飲めと言うほうが無理ではなかろうか。

人間の生活様式も変わってきた。多くの化学合成物質が体内に取り込まれ蓄積されている。それらは許容量という数値で評価され、ある一定値以下ならば健康被害はないとされている。しかし、仮に少量でも長期間蓄積され続けた時にどのような変化が生じるかについての普遍

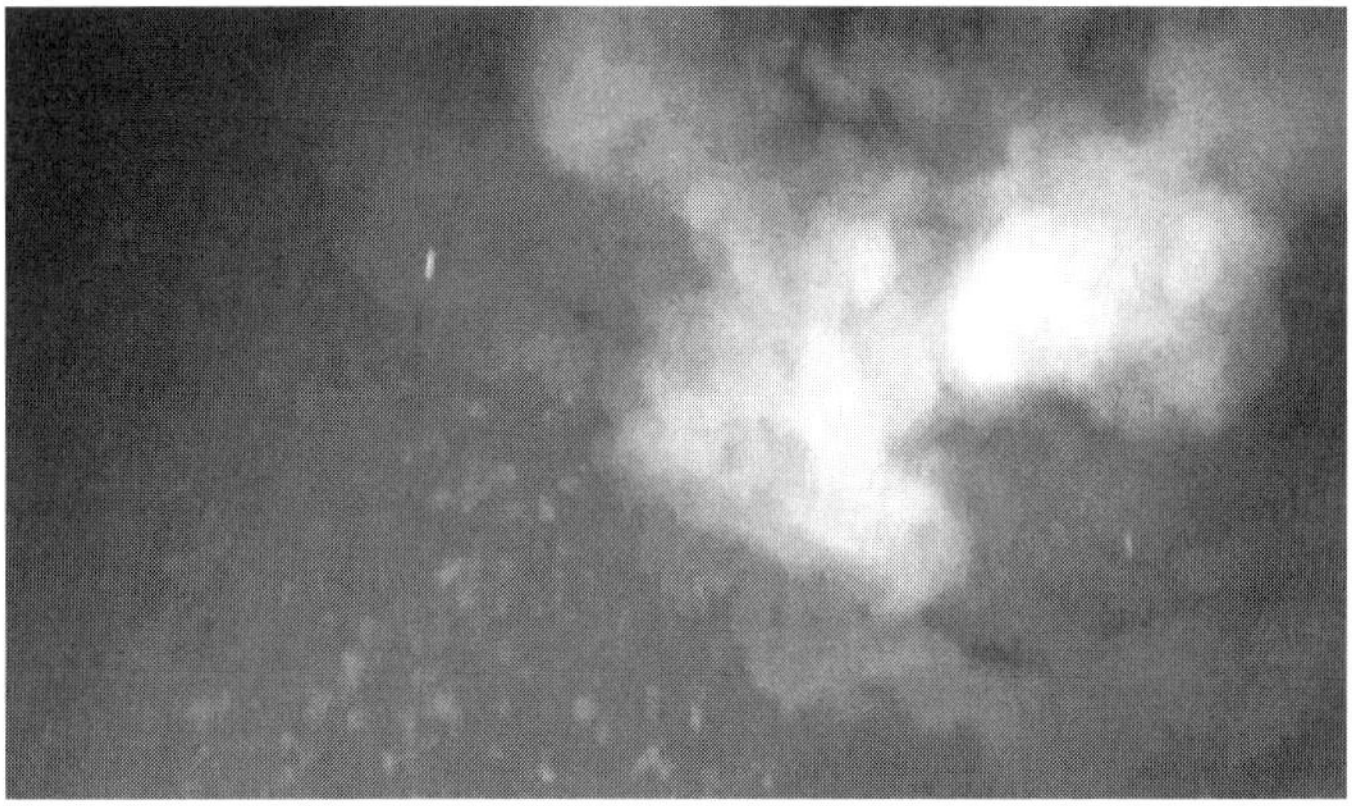

図22-1「淡探」によって琵琶湖湖底で発見されたベント（2009年12月撮影）

的な解答は存在しない。

世代としての使命

環境保全とは「人間にとって都合の良い環境を創造もしくは維持すること」である。そういう意味では、下水道の整備も環境保全である。ところが、今問題となってきているのは、湖の環境がある方向にシフトしつつあるということだ。

たとえば、すでに述べたように、湖の上下の水温差は年々大きくなってきている。このことが湖底環境に影響を与えている。またベントという水煙の吹き出しも報告されている（図22－1）。これらの事象は相互に関連しながら、全く新しい水圏生態系を作り出している。

レジームシフトと呼ばれる予期しにくい急激な変化を監視し、社会に周知していくためには、持続的で高度な観測が必要であろう（Fekete *et al.* 2015）。わが国における人間が利用可能な淡水の三分の一を占める琵琶湖水を健全に維持することは、私たちの世代の使命ともいえる。

自由な研究機関を

琵琶湖を守っていくための行政の責任は言うまでもないが、不況によって公的な研究体制が世界中で衰退していく中で、私が提案したいのはアメリカにあるウッズホール海洋学院のような自立型の研究所の設置である。たとえば、複数の州や大学が共同管理しているタホ湖環境研究センターも参考にしたい。

欧米では浄財に対する免税措置が発達し、こうした施設の運営は個人や企業からの寄付金を基本としている。行政による情報統制や一方的なアナウンスによらない、琵琶湖の自由な研究機関を作ることが私の夢でもある。自然には数多くの事実がある。環境問題は、そのような事実の寄せ集めから、より良い回答を導き出すことではないかと思う。そのことが、真実の探求につながり、ひいては地球のサバイバルを実現するのではないかと考える。

タホ湖環境科学センター

タホ湖環境科学センターは、二〇〇六年十月十四日に設立された。

先住民族であるアメリカンインディアンのワショ族との協調を計りながら、タホ湖の環境研究と情報提供や交流を目的として設置されたセンターである。長い年月にわたってこのセンターの実現を支えてきたのは、アメリカにおける陸水学研究の父とも言われる、チャールズ・R・ゴールドマン博士である。博士は、多額の私費を寄付するだけではなく、関係者からの浄財を募って回った。彼一人で一億円を集めたという。今でも数多くの彼の弟子がこのセンターの運営に貢献している。

この施設の維持については、ネバダ州、カリフォルニア州、シエラネバダ大学、カリフォルニア大学デービス校、ネバダ州砂漠研究所、ネバダ大学などが共同で行っている。こんな施設が、琵琶湖にも欲しいものだ。

図22-2　タホ湖環境科学センター（アメリカ）

23章　地球温暖化と異常気象

不安定になる気候

二〇一三年、豪雪の冬が終わったと思ったら灼熱の夏を迎え、そして秋には台風や豪雨が日本列島を次々と襲った。同じような現象は二〇一四年にも発生した（図23－1）。地球規模の気温上昇に対してこれまで幾分否定的な見解を述べていた人でさえ、最近は地球温暖化の影響を口にするようになってきた。

確かに、地球全体の気候が不安定になりつつある。「政府間気候変動パネル（IPCC）」によれば、太平洋や日本海の表層（〇～七〇〇メートル）に蓄積されている熱量が、一九八〇年代後半より急激に増加している。このことが海面からの蒸発を加速させ、豪雪や豪雨をもたらしている可能性が高い。こうした現象は何を意味しているのだろうか。

平均気温が六℃上昇

「ガイア仮説」で知られたジェームス・ラブロックは、海洋の藻類（海藻や植物プランクトン）と陸上植物を組み込んだ数値モデルを提案し、将来の環境変化を予測している（Lovelock and Kump 1994）。

それによると、海洋の藻類は六・五℃くらいから急激に増殖を開始し、八℃で最大値をとりその後減少に転ずる。陸上の植物は九℃で増殖し一八℃で最大となり減少する。大気中の二酸化炭素濃度が四〇〇ppmを超えると、急激に気温が上昇し海洋藻類が減少する。このことは、気温上昇に伴い水温成層が強化され、深水層からの栄養塩の湧昇が阻害されることに起因している。二酸化炭素濃度が五〇〇ppmを超えると陸上植物が減少し始める、正のフィードバックによって、地球の平均気温は急激に約六℃高くなる。その後は二酸化炭素濃度の増減にかか

図23-1　韓国南部で記録的な大雨。5人死亡、原発も停止した（2014年9月）。

わらず、気温は低下しない状態が続くという。

湖底は年中、低酸素に

琵琶湖の表面水温は一九六〇年代まで一五・五℃を中心に変動していたが、一九七〇年代に入ると上昇傾向が見られ、一九九〇年以降は一六・五℃前後で大きく変動するようになった。一方、湖底の水温も一九九〇年まで六・八℃前後で安定していたが、一九九〇年以降約一℃高くなっている。地球温暖化が進行すれば、琵琶湖に今後どのような影響があるのだろうか。

東京大学生産技術研究所の北澤大輔は、今後百年間で気温が変化しない場合（Case 0)、二・五℃上昇する場合（Case 1）、五・〇℃上昇する場合（Case 2）の三つの場合について琵琶湖の数値予測を行った（図23—2～4)。それによると、Case 2 の場合には気温の上昇に伴って今世紀の終わりには表面水温は二一℃を越え、湖底水温は一二℃を越えることが予測された。

このような変化は、琵琶湖の水質にどのような影響を与えるのであろうか。

湖底付近の溶存酸素濃度は次第に低下し、やがて低酸素状態が年中続くようになる。それに伴って、湖底から溶出した無機態リン濃度が上昇し、一九八〇年初頭の富栄養化時代の数値に逆戻りすることがわかる。

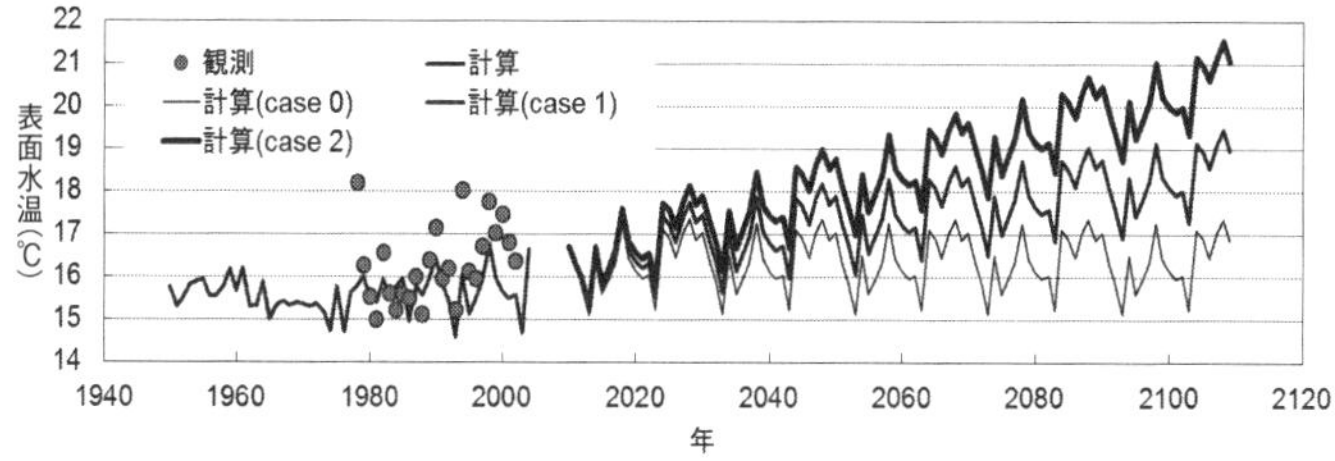

図 23-2 数値計算によって予測された琵琶湖水面温度の変化（北澤 2013）

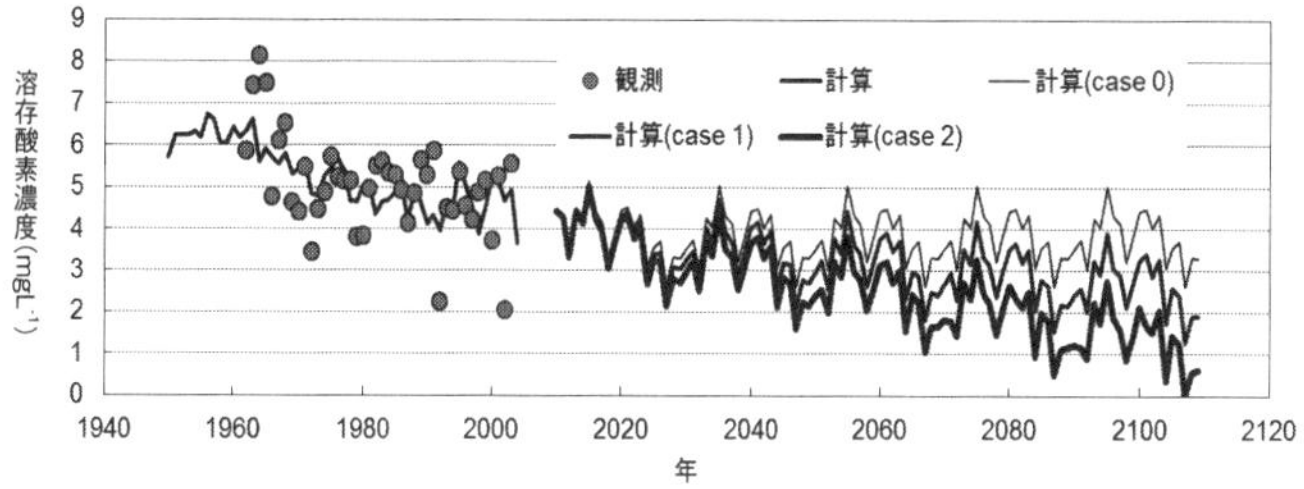

図 23-3 数値計算によって予測された湖底付近の溶存酸素濃度の変化（北澤 2013）

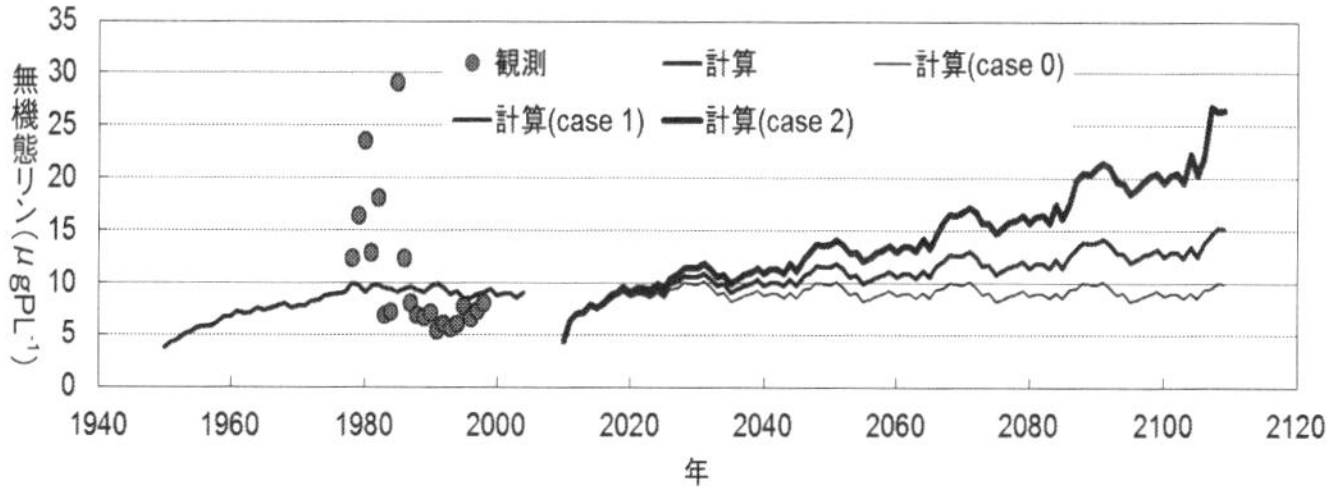

図 23-4 数値計算によって予測された湖底付近の無機態リン濃度の変化（北澤 2013）

漁獲量はさらに減少

琵琶湖は、最大水深一〇四メートル、表面積六七〇平方キロメートル、容積二八・〇九立方キロメートルの大きさを持つわが国最古の湖である。冬季に一回だけ上下に循環するので一循環湖と呼ばれている。

北緯三六度に位置していることが琵琶湖を特徴づけている。つまり、気候が温暖であるとともに地球自転の影響（コリオリ力）を受けている。温暖であることから夏季には水温成層が形成される。水面の加熱と風によって発生した表面流がコリオリ力によって転向され、世界で最も美しい環流が形成される（5章参照）。

それでは地球温暖化の進行に伴って、環流はどうなるのだろうか。

気温が上昇すると表水層の厚さが薄くなり、環流の速度が増加する。このことによって水温成層がより強化され、深水層の栄養塩が表層に運ばれなくなる。そうすると植物プランクトンが減少し、必然的に漁獲量が減る。

同じような現象は、瀬戸内海や日本海、太平洋でも起こっている。水温の上昇は、漁獲量の減少だけでなく、台風や竜巻、集中豪雨の増加につながる。それだけに深刻な問題だといえる。

生き抜くオプション

このように、必要以上に自然エネルギーが湖に蓄積されることは生態系にとって必ずしも健全とは言えない。

ではどの程度の運動エネルギーが琵琶湖に存在するのだろうか。私たちの測定値から推定すると、夏季の地衡流渦が持つ運動エネルギーは三一四〇万キロワット程度で、原発約三〇基分に相当する。もし、原子力発電所を廃止してなおかつ大気中の二酸化炭素濃度を削減しようとするのなら、琵琶湖に蓄積する過剰なエネルギーを有効利用することも視野に入れる必要がある。「自然からの贈り物」としては魅力的な話だ。

ただし、自然の生態系はとても微妙なバランスの上に成り立っているので、きめ細かい制御を必要としている。そのためには、綿密な調査データが必要である。地球温暖化の進行に伴い、エネルギーの流れが急激に変化しつつある。このような場合には、エネルギーサイクルの途中にうまくバイパスを作ってやる必要がある。このことが自然エネルギーレンズ利用の原点である。基本的なデータ解析と新しい技術開発によって克服される未来への挑戦とも言える。

二酸化炭素濃度の上昇

大気中の二酸化炭素濃度は増加の一途をたどっている。アメリカ海洋大気庁（ＮＯＡＡ）がハワイのマウナロワ観測所で測定しているデータによれば、二〇一三年五月には最大値が四〇〇 ppm を超えた。

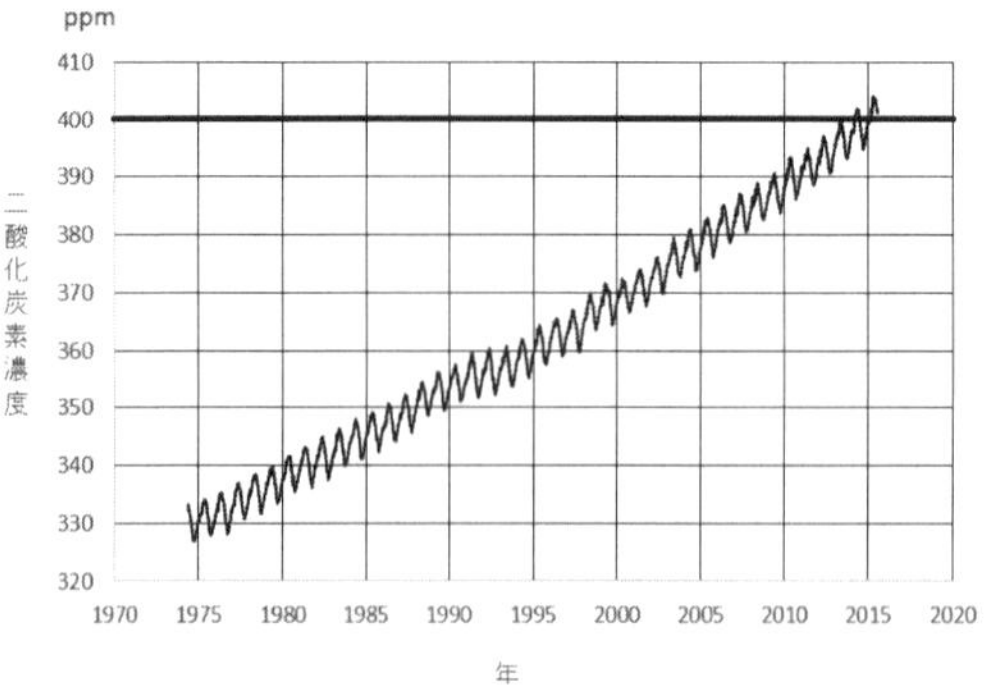

図 23-5　ハワイのマウナロア観測所で計測された二酸化炭素濃度の変化。植物の変化に対応して季節変動しながら長期的に増加している。
（http://www.esrl.noaa.gov/gmd/ccgg/trends/weekly.html）

　産業革命以前の二酸化炭素濃度は二八〇 ppm（南極氷床コアの一〇〇〇年から一八〇〇年までの平均濃度）であり、過去二百年間に一二〇 ppm ほど濃度が増加したことになる。そして二〇一五年三月には世界すべての観測点における月平均値が四〇〇 ppm の危険値を超えた。

　二酸化炭素濃度の増加速度は、二〇〇二年頃から加速されており、このままの割合で二酸化炭素濃度が増加すると二〇四〇年代には五〇〇 ppm を超えることが予想される。そうなると、平均気温がさらに急激に増加すると予想されている。このような不可逆な気象状況になるまでに、私たちに残された時間はあまりないと言える。

おわりに

琵琶湖とその集水域に対する私の思いは深い。初めて琵琶湖の水と触れ合ったのは一九七三年だった。

大学3回生の夏、琵琶湖に発生する波動観測の課題実習で琵琶湖を訪れた。教官と二人で、当時京都大学が所有していたモーターボートに乗り込み、湖上を北へ向かった。BTという測定機器を用いて湖内の水温分布を測定することが目的だった。今どきBTと言っても、海洋学専攻の学生でも知らないだろう。正しくはBathythermographの略である。水圧と水温の変化を、煤《すす》を塗ったガラス面に記録する魚雷の形をしたアナログ計測機器である。私たちは、意気揚々と湖に出かけたのだが、途中で雷鳴が轟き始めた。穏やかだった空が一転してかき曇り、風波が湖面を走り、やがて土砂降りの雨となった。船には吊り下げ用の金属製ポールを立てていたので、雷が落ちやすい状況だった。教官と私は天候の急変に驚愕し、命からがら逃げ込んだのが菅浦《すがうら》という漁港だった。

菅浦は、交通の便が悪く秘境とも言える位置にある。その不便さゆえに残った風景や風習は、近年になって改めて評価され、二〇一四年秋、国の重要文化的景観の一つに選定された。翌朝、その菅浦から見た湖水の美しさを、私は今でも鮮明に覚えている。湖底まで見える深く透き通った紺青色だった。あれから四十有余年の月日を経て、湖はすっかりその様相を変えてしまった。水中には浮遊物が見られ、水草が生え、ブラックバスが遊泳している。このことを、誰彼のせいというわけにはいかない。

その後、さらに大きな変化が琵琶湖で見られるようになった。湖底からベントという水煙が噴出しているのを二〇〇九年十二月にはじめて撮影した。世界に先駆けて製作した環境監視専用の自律型潜水ロボットである淡探《たんたん》の貴重な研究成果だった。二〇一〇年十二月以降になると、ベントの数は急速に増加していった。そして、二〇一一年三月十一日に東北地方太平洋沖地震が発生した。この後、琵琶湖だけでなく日本全体の火山や地殻が不安定な状態になってきている。

この半世紀に起こった劇的な変化を可能な限り正確に解析し、琵琶湖の素顔を記載し、真実を客観的に語ることは、長年にわたって琵琶湖の研究に従事してきた者の務めだと思っている。私たちはそういう思いで、浜端悦治さん、奥田昇さん、北川裕樹さん、私の四名が執筆を分担して本書を完成させた。

熊谷道夫

謝辞

本稿の元原稿となった特集記事『検証・琵琶湖』を企画していただいた滋賀民報社の西浦謁男さんに感謝します。出版編集にあたっては、海鳴社の水野寛さんに大変お世話になりました。ご両名の後押しがなければ本書は陽の目を見なかったことでしょう。

また、平和堂財団、西日本高速道路サービス・ホールディングズ、真如苑、滋賀県庁、滋賀県立琵琶湖博物館、京都大学生態学研究センターなどから多大なるご協力とご支援を賜りました。さらに、水中ロボットの国際的権威である浦環先生をはじめとして、本書の誕生に関係していただいたすべての人々に心から感謝します。

本書が、認定特定非営利活動法人「びわ湖トラスト」の会員の皆さまのご協力で、「びわ湖文庫」の第1号として発刊できたことについてご報告申し上げます。

最後に、著者のひとりである故・浜端悦治さんと生前に約束したように、本書の売り上げの一部を、モンゴル国にある白い湖（ツァガンノール）の畔に住む火傷の少年オソホー君の回復手術のために活用したいと考えています。

槻木玲美・占部城太郎（2009）古陸水学的手法による湖沼生態系の近過去復元とモニタリング . 生物の科学遺伝 . **63**:66-72.
Uchii, K., N. Okuda, T. Minamoto and Z.Kawabata, (2013) An emerging infectious pathogen endangers an ancient lineage of common carp by acting synergistically with conspecific exotic strains. *Animal Conservation* **16**:324-330.
内田秀雄（1951-1952）魞（えり）の研究、ー琵琶湖生産地理研究ー、*Jap. J. Human Geogr*. **3**: 42-50.
植田義夫 (2005)　日本列島とその周辺地域のブーゲー重力異常 (2004 年版) 海上保安庁海洋情報部研究報告 . **41**:1-26.
植村善博・太井子宏和（1990）琵琶湖湖底の活構造と湖盆の変遷. 地理学評論. **63**：722-740.
吉川ほか（1998）古琵琶湖とその生物. *URBAN KUBOTA*. **37**：1-57.
リチャード・D . ロバーツ（2006）地球環境監視システム . 世界の湖沼と地球環境 . 熊谷・石川編 . 古今書院 , 222pp.

for environmental diseases. *Ecological Research*. 26: 1011-1016.
北澤大輔（2013）数値モデルによる影響評価 . 温暖化の湖沼学 . 永田・熊谷・吉山編 . 京都大学学術出版会 , 274pp.
熊谷道夫（2008）地球温暖化が琵琶湖に与える影響 . 環境技術 .37:31-37.
Kumagai, M. and W. Vincent (2003) *Freshwater management.* Springer. 233pp.
Lovelock,J.E. and L.R.Kump(1994) Failure of Climate regulation in a geo-physiological model. *Nature* 369:732-734.
國松孝男・須戸 幹（1997）林地からの汚濁負荷とその評価 . 水環境学会誌.20:810-815.
西野麻知子・浜端悦治（2005）内湖からのメッセージ．サンライズ出版. 253pp.
Okuda, N., K. Watanabe, K. Fukumori, S. Nakano and T.Nakazawa (2013) *Biodiversity in aquatic systems and environments: Lake Biwa*. Springer Japan, Tokyo, pp91.
Okuda S., J. Imberger and M. Kumagai (1995) *Physical processes in a large lake: Lake Biwa, Japan.* Coastal and Estuarine Studies. AGU. 216pp.
佐野静代（2003）琵琶湖岸内湖周辺地域における伝統的環境利用システムとその崩壊．地理学評論．76:19-43.
Scheffer,MS. Carpenter, J.A. Foley, C. Folke and B. Walker(2001) Catastrophic shifts in ecosystems. *Nature* 413:591-596.
Shibata, J., Z. Karube, M. Oishi, M. Yamaguchi, Y. Goda and N. Okuda, (2011) Physical structure of habitat network differently affects migration patterns of native and invasive fishes in Lake Biwa and its tributary lagoons: Stable isotope approach. *Population Ecology* 53:143-153.
Shikolomanov, I. A. (1999) State Hydrological Institute (SHI. St. Petersburg) and United Nations Educational, Scientific and Cultural Organisation (UNESCO, Paris)
鈴木隆夫・金辻宏明（2000）琵琶湖における漁具付着物について．滋賀県水産試験場事業報告：1999:96-97.

参考文献

琵琶湖岸の環境変遷カルテ（2011) 琵琶湖環境科学研究センター．6pp.

琵琶湖ハンドブック（2014）改訂版
http://www.pref.shiga.lg.jp/biwako/koai/handbook/kaiteiban.html

琵琶湖自然史研究会（1994）琵琶湖の自然史．八坂書房．340pp.

Diaz,R.J. and R.Rosenberg(2008)Spreading dead zones and consequences for marine ecosystems. *Science* **321**:926

Downing, J.A. *et al.* (2006) The global abundance and size distribution of akes, ponds, and impoundments. *Limnology and Oceanography*. **51**: 2388-2397.

Fekete.B.M, R.D.Robarts, M.Kumagai, H-P, Nachtnebel, E.Okada and A.V. Zhulidov(2015)Time for in situ monitoring. *Science* **349**:685-686.

藤村美穂・武田淳・牧野厚史（2007）琵琶湖と有明海における水族資源の伝統的利用と変容：その２　内水面漁撈と干潟漁撈（琵琶湖）．低平地研究．佐賀大学低平地防災研究センター．**16**: 25 -30.

Goto, S., M. Yamano and M. Kinoshita (2005) Thermal response of sediment with vertical fluid flow to periodic temperature variation at the surface. *J. Geophy. Res.* **110**, doi:10.1029/2004JB003419.

堀江正治（1973）びわ湖古陸水研究の立案と経過．*Jap. J. Limnol.* **34**: 49-54.

Kameda Y. and M. Kato (2011) Terrestrial invasion of pomatiopsid gastropods in the heavy-snow region of the Japanese Archipelago. *BMC Evolutionary Biology*. 11: 118.

Kawabata, Z., T. Minamoto, M. N. Honjo, K. Uchii, H. Yamanaka, A. A. Suzuki, Y. Kohmatsu, K. Asano, T. Itayama, T. Ichijo, K. Omori, N. Okuda, M. Kakehashi, M. Nasu, K. Matsui, M. Matsuoka, H. Kong, T. Takahara, D. Wu and R. Yonekura (2011) Environment-KHV-carp-human linkage as a model

熊谷道夫（くまがい・みちお）
1951年生まれ。京都大学理学部地球物理学科卒業。京都大学大学院理学研究科博士後期課程修了。琵琶湖研究所研究員などを経て、現在、立命館大学教授および海上技術安全研究所特別研究員。著書に『世界の湖沼と地球環境』（古今書院）など。

浜端悦治（はまばた・えつじ）
1950年〜2014年。大阪市立大学大学院博士課程中退。琵琶湖研究所研究員などを経て、滋賀県立大学准教授。著書に『内湖からのメッセージ』（共著、サンライズ出版）など。

奥田昇（おくだ・のぼる）
1969年生まれ。東京理科大学応用生物科学科卒業。京都大学大学院理学研究科博士後期課程修了。京都大学生態学研究センター准教授などを経て、現在、総合地球環境学研究所准教授。 著書に『温暖化の湖沼学』（共著、京都大学学術出版会）など。

北川裕樹（きたがわ・ひろき）
1975年生まれ。金沢大学文学部卒業。滋賀県立大学大学院環境科学研究科博士前期課程修了。現在、滋賀県庁職員。

琵琶湖は呼吸する

2015年 10月5日 第1刷発行

発行所：㈱海鳴社

http://www.kaimeisha.com/
〒101-0065 東京都千代田区西神田 2-4-6
E メール：kaimei@d8.dion.ne.jp
Tel.：03-3262-1967 Fax：03-3234-3643

発 行 人：辻 信行
組 版：海 鳴 社
印刷・製本：シ ナ ノ

出版社コード：1097
ISBN 978-4-87525-321-1